生态修复工程

乌梁素海流域山水林田湖草生态保护修复试点工程项目管理办法

李根东　主　编

杨卫东　王大伟　闫晋阳　贾文龙　牛超哲　副主编

中国环境出版集团・北京

图书在版编目（CIP）数据

乌梁素海流域山水林田湖草生态保护修复试点工程项目管理办法/李根东主编. —北京：中国环境出版集团，2022.3
（生态修复工程）
ISBN 978-7-5111-5091-2

Ⅰ. ①乌… Ⅱ. ①李… Ⅲ. ①淡水湖—区域生态环境—生态恢复—环境工程—工程项目管理—内蒙古 Ⅳ. ①X321.226

中国版本图书馆 CIP 数据核字（2022）第 046627 号

出 版 人 武德凯
责任编辑 韩 睿
责任校对 任 丽
封面设计 岳 帅

出版发行 中国环境出版集团
（100062 北京市东城区广渠门内大街 16 号）
网　　址：http://www.cesp.com.cn
电子邮箱：bjgl@cesp.com.cn
联系电话：010-67112765（编辑管理部）
发行热线：010-67125803，010-67113405（传真）
印　　刷 北京中献拓方科技发展有限公司
经　　销 各地新华书店
版　　次 2022 年 3 月第 1 版
印　　次 2022 年 3 月第 1 次印刷
开　　本 787×1092 1/16
印　　张 16
字　　数 280 千字
定　　价 60 元

编 委 会

序

党的十八大以来，习近平总书记就生态文明建设作出一系列重要指示。全党全国人民在习近平生态文明思想指引下，以前所未有的投入力度、层次深度、领域广度，在生态文明建设和生态环境保护中取得了显著成绩。

习近平总书记指出，内蒙古生态状况如何，不仅关系全区各族群众生存和发展，而且关系华北、东北、西北乃至全国生态安全。把内蒙古建成我国北方重要生态安全屏障，是立足全国发展大局确立的战略定位，也是内蒙古必须自觉担负起的重大责任。2018年12月，乌梁素海流域山水林田湖草生态保护修复试点工程（以下简称"试点工程"）因地理位置重要、生态要素齐全、战略意义非凡，在全国第三批山水林田湖草生态保护修复工程竞争性评审中荣获第一名。

基于"我国北方重要生态安全屏障"的战略定位，实施好试点工程，对先前没有从事过此项工作的地方政府、行业主管部门、各参建企业而言，无疑是一项重大的机遇和挑战。试点工程建设内容包含沙漠综合治理工程、矿山地质环境综合整治工程、水土保持与植被修复工程、河湖连通与生物多样性保护工程、农田面源及城镇点源污染治理工程、乌梁素海湖体水环境保护与修复工程、生态环境物联网建设与管理支撑等7大类，共35个子项目，其中各项目内部的工序搭接，各项目之间的综合协调，新工艺、新技术、新材料、新装备的综合应用，都对试点工程的项目管理水平提出了很高的要求。建立健全项目管理制度体系是保障试点工程得以顺利实施的重要环节，一套行之有效的项目管理制度不仅是厘清项目需求、明确项目范围和凝聚项目团队的基础，同时也是制订项目计划的依据，是项目相关方合作的基石，是先进项目管理思想在试点工程上的具体体现，在项目的启动、计划、执行、控制、收尾等各个过程中发挥着重要作用。

编制项目管理制度，需围绕制度的三个方面特点进行。其一是制度应具有指导性和约束性，制度应对相关人员做些什么工作、如何开展工作给出一定的提示和指导，同时也明确相关人员不得做些什么，以及违背了会受到什么样的惩罚。其二是制度应具有规范性和程序性，制度对规范工作程序、明确岗位责任、优化管理方法等起着重大作用，制度的制定必须以法律法规和有关政策为依据，为人们的工作和活动提供可供遵循的依据。其三是鞭策性和激励性，制度应向各参建单位做明确的宣贯，甚至可以张贴悬挂在工作现场，随时起到鞭策和激励作用。

本书所集结的项目管理办法涵盖项目决策、设计、施工、运营等全过程，并对质量、安全、进度、投资、招标、合同、采购、风险排查、文档信息、会议沟通、冲突解决等各类工程要素进行了较为详细的阐述。本书是试点工程项目管理和制度建设宝贵经验的集大成者，在这套项目管理制度的凝聚和指导下，试点工程生态治理已取得了可观的成效。在此，真心希望本书也能够为其他生态保护修复工程的实施提供参考和借鉴价值，希冀本书编者所凝聚的心血能够为我国生态文明建设的伟大事业添砖加瓦。

李根东

二〇二二年三月

前　言

“生态兴则文明兴，生态衰则文明衰”。党中央、国务院高度重视生态保护和修复工作，特别是党的十八大以来，以习近平同志为核心的党中央将生态文明建设纳入了“五位一体”总体布局、新时代基本方略、新发展理念和三大攻坚战中，开展了一系列根本性、开创性、长远性工作，推动生态文明建设发生了历史性、转折性、全局性变化。

2013年11月，习近平总书记在《中共中央关于全面深化改革若干重大问题的决定》的说明中提出“山水林田湖草是一个生命共同体”的生态治理理念。该理念的提出，改变了传统生态保护与修复的模式，将山水林田湖草这些不同的生态系统看作统一的整体，统筹治理要点，进而实施综合保护和系统修复。2016年，财政部、自然资源部、生态环境部共同启动了山水林田湖草生态保护修复工程试点。2018年12月，试点工程在20余个省市的竞争性评审中以第一名的好成绩入围全国第三批山水林田湖草生态保护修复工程，经过内蒙古自治区党委和政府、巴彦淖尔市委和市政府、各行业主管部门、旗县区以及各参建企业的不懈努力，试点工程生态治理已经取得显著成效。在此过程中，建立健全项目管理制度体系是保障试点工程得以顺利实施的重要环节，是应对风险挑战的必由之路。

本书编写之初，经内蒙古乌梁素海流域投资建设有限公司组织，由上海同济工程咨询有限公司组建编委会，结合工程实践深入研究，将试点工程项目管理和制度建设的宝贵经验集结为书稿。其后，由巴彦淖尔市各主管部门精心组织人员，对书稿提出了非常宝贵的修改意见，进行了数次审核与修订，花费很多心血，几易其稿，至纤至悉。最终，本书内容呈现为总体管理篇，报批报建管理篇，设计管理篇，招标采购及合同管理篇，质量、进度、投资及现场管理篇，竣工验收、移交及信息管理篇等六大篇章。

本书在编纂过程中始终力求有足够的科学性和适用性，希冀于对后续的生态修复工程起到参考作用，但成书中难免存在疏漏不妥之处，真诚欢迎广大读者提出修改补充与更新完善的意见。

目　录

第一篇　总体管理篇

乌梁素海流域山水林田湖草生态保护修复试点工程项目管理办法......3

乌梁素海流域山水林田湖草生态保护修复试点工程资金管理办法......11

乌梁素海流域山水林田湖草生态保护修复试点工程资金绩效评价办法......14

第二篇　报批报建管理篇

乌梁素海流域山水林田湖草生态保护修复试点工程报批报建管理办法......19

第三篇　设计管理篇

乌梁素海流域山水林田湖草生态保护修复试点工程设计管理办法......27

乌梁素海流域山水林田湖草生态保护修复试点工程设计变更管理办法......34

第四篇　招标采购及合同管理篇

乌梁素海流域山水林田湖草生态保护修复试点工程招标管理办法......49

乌梁素海流域山水林田湖草生态保护修复试点工程询价管理办法......54

乌梁素海流域山水林田湖草生态保护修复试点工程比价采购管理办法......60

乌梁素海流域山水林田湖草生态保护修复试点工程合同管理办法......64

第五篇　质量、进度、投资及现场管理篇

乌梁素海流域山水林田湖草生态保护修复试点工程质量管理办法......73

乌梁素海流域山水林田湖草生态保护修复试点工程进度管理办法......84

乌梁素海流域山水林田湖草生态保护修复试点工程投资管理办法......96

乌梁素海流域山水林田湖草生态保护修复试点工程造价管理实施细则......129

乌梁素海流域山水林田湖草生态保护修复工程安全文明与环境管理办法......150

乌梁素海流域山水林田湖草生态保护修复试点工程巡查督导管理办法......159

乌梁素海流域山水林田湖草生态保护修复试点工程施工现场质量、安全奖罚管理办法......164

乌梁素海流域山水林田湖草生态保护修复试点工程进度、协调奖惩管理办法......168

乌梁素海流域山水林田湖草生态保护修复试点工程农牧民工工资支付管理办法......175

第六篇　竣工验收、移交及信息管理篇

乌梁素海流域山水林田湖草生态保护修复试点工程验收管理办法......183

乌梁素海流域山水林田湖草生态保护修复试点工程移交管理办法......189

乌梁素海流域山水林田湖草生态保护修复试点工程信息及文档管理办法......194

乌梁素海流域山水林田湖草生态保护修复试点工程会议、报告管理办法......219

乌梁素海流域山水林田湖草生态保护修复试点工程档案管理办法......223

乌梁素海流域山水林田湖草生态保护修复试点工程影像资料收集管理办法......242

后　记......246

第一篇

总体管理篇

乌梁素海流域山水林田湖草生态保护修复试点工程项目管理办法

联办〔2020〕5号

第一章　总　则

第一条　为了规范和加强乌梁素海流域山水林田湖草生态保护修复试点工程（以下简称“试点工程”）项目的管理，确保项目中每个工程建设质量和项目的效果，切实提高项目资金的使用效益，根据财政部、国土资源部、环境保护部《关于推进山水林田湖生态保护修复工作的通知》（财建〔2016〕725号）、《重点生态保护修复治理资金管理办法》（财建〔2019〕29号）和《乌梁素海流域山水林田湖草生态保护修复试点工程实施方案》等有关法律、法规和政策，结合试点工程实际情况，制定本办法。

第二条　试点工程坚持自然恢复为主、人工修复为辅、建设与管护并举的原则，统筹规划、系统实施、协调推进山水林田湖草生态整体性保护与系统性修复，以“山水林田湖是一个生命共同体”的重要理念指导开展工作，最终实现乌梁素海流域内生态格局优化、生态系统稳定、生态功能提升的目标。

第三条　根据《乌梁素海流域山水林田湖草生态保护修复试点工程实施方案》中的工程实际情况以及有关法律、法规和政策的规定，必须严格落实工程建设项目的法人负责制、招投标制、建设监理制、合同制。明确工程建设项目法人单位、全过程全方位落实项目法人责任制，明确项目法人对工程建设管理负总责；明确工程施工承包的甲方和乙方、实行合同管理。严格落实审计、问责和廉政管理等规章制度，增强试点工程项目管理的规范性和透明度。

第四条　本办法适用于经自治区人民政府批准后备案的《乌梁素海流域山水林田湖草生态保护修复试点工程实施方案》涉及的全部建设内容。项目实施过程中根据需要确需优化调整的，应当按照实事求是的原则和国家、自治区有关规定进行变更并上报批复和备案。

第二章　组织管理及其职责

第五条　根据市委市政府有关精神及试点工程项目的特殊性，需要建立责权一致、运转有效的架构运作推进机制。为此，成立试点工程相关的组织管理机构。包括：总指挥部及各工作组、内蒙古乌梁素海流域投资建设有限公司、市、旗、县、区行业主管部门。为统筹协调推进试点工程，市政府建立乌梁素海流域山水林田湖草生态保护修复试点工程联席会议制度。

第六条　指挥部：负责试点工程项目的组织领导、决策指挥、管理调度和监督考核工作，全面统筹推进试点项目工程建设，研究解决项目建设中的重大问题。指挥部下设综合办公室、计划财务组、工程协调推进组和工程监督管理组。

第七条　市政府授权内蒙古淖尔开源实业有限公司（以下简称淖尔公司）为试点工程项目的第一责任主体（试点工程项目的建设单位），代表市政府履行业主职责，负责项目的组织实施、建设推进和监督管理。

其主要职责：

1. 负责公开招标引进投资人组建基金；成立内蒙古乌梁素海流域投资建设有限公司；负责公开招标引进全过程工程咨询单位进行全过程工程咨询服务；在内蒙古乌梁素海流域投资建设有限公司成立后，负责落实项目出资义务。

2. 组织召开项目实施单位、全过程工程咨询单位、施工单位、市、区、旗、县行业主管部门等有关单位参加的月度、季度、年度工作会议和临时工作会议，将会议纪要上报指挥部。

3. 督促检查落实试点工程中各个项目的前期工作：包括组织项目各类合同的签订工作；组织评审试点工程的全过程工程研究、策划和评估等咨询报告，包括可研（或实施方案）、工程勘察设计等前期工作。

4. 建立试点工程档案。试点工程的开始和结束的全过程所有资料，包括规划、实施方案、审批、会议纪要、合同、可研、设计等资料。

5. 监督检查各个项目中的工程施工进度、施工质量和监理等工作。

6. 组织召开由指挥部、专家组参加的会议，研究试点工程实施建设过程中出现的重大问题及其对策。

7. 监督各个项目的单元工程验收工作、分部工程验收工作、单位工程和整体试点工程的验收工作。

8. 监督审查上报资金申请计划、审定各个工程的结算、决算并上报指挥部计划财务组。

第八条　内蒙古乌梁素海流域投资建设有限公司（以下简称“SPV 公司”）。本项目实行市场化运作模式，淖尔公司根据市政府授权与中标投资人组建专项基金，专项基金与中标投资人成立 SPV 公司，SPV 公司是试点工程项目的实施主体单位，主要负责项目的投融资、建设、运营和移交等工作。

其主要职责：

1．由于本项目实行全过程管理，要求 SPV 公司与中标的全过程咨询公司签订项目全过程工程咨询服务合同。

2．SPV 公司要对全过程咨询公司提出明确的项目管理目标和要求，并严格考核。要按照“六个好“要求（工程质量好、工程进度好、资金配套好、财务审计好、廉政建设好、绿色产业发展好），制定具体的指标和标准，并确保试点项目实现“六个好”目标。

3．SPV 公司与中标施工单位签订 EPC 总承包合同，全面启动工程建设，落实社会资本，按期拨付工程进度款。

4．项目合同管理。负责签订试点工程中的施工合同，监督管理施工单位的合同执行情况。要求施工单位不得违规转包、分包工程，未按合同约定施工影响竣工验收的，SPV 公司责令限期整改，整改不到位的，SPV 公司有权终止合同。

5．负责组织审查可研、实施方案、工程建设管理制度、建设计划和方案、施工方案和监理规划，组织勘察设计和技术交底，负责组织工程进度、质量、投资、安全文明施工、合同和信息管理，工程进度款的审核、拨付，组织竣工验收和移交管理工作，负责组织结算、决算工作，负责运营管理，保证项目按期、保质、保量完成，并组织项目中各项审批手续办理及其他相关工作。

第九条 行业主管部门职责：负责项目实施的行业指导、监督；参加实施方案、可研和设计等的评审工作；负责组织项目的各种审批，负责办理核准项目的申请立项、用地预审、规划许可、施工许可等行政审批许可事宜；协助 SPV 公司组织项目实施。

市自然资源局职责：负责调度、汇总、上报试点工程相关数据和进展情况；负责会同各成员单位做好联席会议的筹备和组织；负责做好与自然资源厅和自然资源部沟通联系；牵头做好能力建设的各项工作。

第十条 相关旗县区职责：负责协调处理工程施工涉及的征地、拆迁及社会矛盾纠纷；协调推进核准立项、用地预审、规划许可、施工许可等行政审批的办理；组织项目所需水、电配套供应，安排施工材料及设备机具运输通行；协调项目行业主管单位开展施工技术指导；协调项目所在地办理工程安质监督备案、验收，做好行政执法和治安、卫生等各项社会管理工作，确保工程顺利实施。

第十一条 联席会议工作职责：统筹协调推进试点工程，研究和协调推进过程中遇到的重大问题，加强对相关工作的指导、监督和评估；加强地方、部门和企业之间在推进试点工程方面的信息沟通和相互协作，及时向市委、市政府和自治区有关部门报告项目实施进展情况，研究提出政策措施建议；统筹调度项目进展情况，协调部门之间的相关工作。

第三章 全过程工程咨询

第十二条 针对试点工程涉及专业繁多、专业性强、工程规模大等实际情况，工程采取第三方全过程工程咨询服务管理模式，对项目全生命周期实行专业化、规范化、高效化、精细化管理。

第十三条 市政府指定淖尔公司作为全过程工程咨询招标主体单位。通过公开招标方式，择优选择工程咨询实力雄厚，项目管理经验丰富的知名全过程工程咨询企业。

第十四条 全过程工程咨询服务企业成立管理服务机构，派驻管理团队，受SPV公司的委托对项目进行全过程工程咨询服务，提供工程前期咨询、招标代理、造价咨询、项目管理和工程监理服务，对项目设计、施工、监理等资质进行严格把关。具体服务内容如下：

1．全过程工程咨询公司管理工作具体包括：前期及策划咨询管理；规划及设计咨询管理；施工前准备咨询管理；施工过程咨询管理；竣工验收及移交咨询管理；保修及后评估咨询管理。

2．项目前期决策咨询：遵循“客观性、针对性、合规性”的原则，根据客户的需求，通过全方位地调查、分析和论证，编制高质量、科学合理的研究、策划和评估报告。

3．造价咨询：通过深入广泛的调查，分析同类项目的市场信息，结合多年积累的工程数据，提供包括工程量清单、招标控制价、结算审价的编制及全过程造价控制服务。

4．招标代理：恪守“公开、公平、公正、诚实信用”原则，坚持从客户需求出发，针对不同的建设项目特点，策划制定采购与招投标的实施方案，凭借严格的招标与采购程序，选择出在资格、能力、资信、价格等方面都能最大限度满足客户和项目建设实际需要的承包商和供应商。

5．工程监理：坚持“诚信、公正、科学、守法”的宗旨，贯彻优质服务理念，提供规范化的监理服务，服务周期从施工准备期开始，经施工、安装调试、竣工验收等阶段，直至项目保修期结束为止，通过“三控、两管、一协调”，确保高质量按时限实现项目目标。

第四章 项目实施管理

第十五条 定期召开试点工程联席会议，解决工程推进过程中出现的项目优化变更、项目立项审核、项目实施进度、部门协调配合、社会矛盾及资金等具体问题。

第十六条 淖尔公司是试点工程项目的第一责任主体，应加强对相关工作的指导、监督和组织评估；加强地方、部门和企业之间在推进试点工程方面的信息沟通和相互协作；及时向指挥部汇报项目实施进展情况；由指挥部向市委、市政府和自治区有关部门报告有关项目实施进展情况。

第十七条　市自然资源局、财政局、生态环境局要根据职能职责与国家、自治区自然资源、财政、生态环境部（厅）等部门对接，保障信息高效传输。

第十八条　SPV 公司作为项目实施主体，负责落实项目的资金融通、资金拨付、信息汇总等工作，并配合市直部门完成项目手续办理及其他相关工作。

第十九条　相关行业主管部门和旗县负责协助实施单位和全过程咨询公司对试点项目的组织实施进行全过程管理。

第二十条　全过程咨询公司负责建立日汇总、周调度、月通报的制度，按照“六个好”的要求对项目的施工质量、进度、资金使用等情况进行监督管理。

第二十一条　建设单位和全过程咨询公司负责对工程建设的项目全过程资料（含影像资料）进行科学保存归档，各项目竣工验收后，项目建设单位将竣工资料报送相关部门。

第二十二条　在项目谋划与实施过程中，应将项目后续管理工作同步谋划、通盘考虑，制定可行措施，确保项目后续工作管理到位，达到预期效果。

第二十三条　市直各相关部门、淖尔公司、各有关旗县区要按照“谁主管，谁负责”的要求，加强对治理资金使用、项目实施情况的绩效评价和监督检查，督促项目建设单位强化资金和项目管理，做到资金到项目、管理到项目、核算到项目、责任到项目，并落实绩效管理各项要求。

第二十四条　项目建设前，项目承担单位应当在项目所在地设立公告牌，将项目建设内容、投资总额、建设期限、预期目标、生态效益、法人代表或行政责任人等向受益地区群众公示，接受群众、社会监督；全过程工程咨询单位要保留、整理实施项目建设前、后的影像等必要资料。

第二十五条　试点工程每个子项目成立一个建设管理工作组，负责项目的统筹推进、手续办理、设计、施工、竣工验收等工作。

第二十六条　淖尔公司落实项目出资义务，配合 SPV 公司完成项目融资，保障相关行业主管部门和旗县必要的工作经费。

第二十七条　SPV 公司要针对项目实施加强对全过程咨询公司的考核管理，SPV 公司对其支付的各项服务费要细化每项支付标准，对未提供咨询服务的项目不得付费。全过程工程咨询服务单位应对建设项目建立制定项目管理体系、项目实施推进体系、整体调度管理模式、项目实施计划、工程进展情况统计、工程质量管理体系、工程监理等相关制度、规范及流程，确保每个项目合规、达标，符合《实施方案》及相关法律法规及政策的要求，达到验收合格的标准。

第二十八条　为了整个项目的统筹规划和协同运作，有效解决设计与施工的衔接问题、降低成本，满足工期，提高工程质量，缓解财政资金压力，乌梁素海流域山水林田湖草生态保护修复试点工程采取 EPC 总承包方式。

第二十九条　SPV公司与中标施工单位签订EPC总承包合同，全面启动工程建设，落实社会资本，按期拨付工程进度款，确保项目不发生拖欠农民工工资等社会矛盾。施工单位不得违规转包、分包工程，未核合同约定施工影响竣工验收的，SPV公司责令限期整改，整改不到位的，SPV公司有权终止合同。

第三十条　工程总承包企业应当具有多年生态和环境治理工作经验、资金技术实力雄厚、财务融资能力强、可以整合业内相关资源、具有山水林田湖草生态保护修复同类项目经验等能力，通过公开招标方式，择优选择。

第五章　验收管理

第三十一条　试点工程子项目完工后，按照行业项目管理有关规定及时组织验收，验收合格的应予批复。由SPV公司组织进行内部验收，淖尔公司组织相关行业主管部门进行初验，待全部项目竣工并完成初验通过后由指挥部组织申报国家验收。

第三十二条　项目验收的主要内容：

（一）项目完成情况。依据经批准的项目实施设计与工程复核报告，核查项目全过程文件（包括内部验收报告、初验报告和项目总结报告）、项目区位置、工程规模、工程内容、工程量、项目施工前后对比照片等是否按要求完成；核查施工准备及全过程资料（竣工报告、竣工图纸）等文件；核查监理单位准备及全过程资料（监理工作报告、监理日志）等文件；结合质量查验报告、监理报告等实地检查工程任务完成情况和工程质量情况。

（二）组织管理情况。检查项目组织领导机构、管理机构和技术指导机构是否健全、运行是否正常；各项管理制度和质量目标体系是否健全及执行情况；是否严格执行项目法人制、招投标制、合同制、工程监理及公告等管理制度；建设过程中设计或施工变更情况及审批情况；施工过程中是否按规定进行技术检测、其结果是否合格；监理单位是否认真履行职责、监理记录是否全面、准确，与施工记录是否相符等。

（三）项目资金管理使用情况。依据有关项目资金管理规定，结合资金收支审批资料，财务账册、凭证、报表，工程预决算、财务审计报告等资料，检查资金是否及时、足额到位和使用是否符合国家有关投资、财务管理规定；是否有健全的会计核算制度，有无截留、挪用资金问题。

（四）工程效果及管护情况。依据经批准的设计，检查工程项目是否达到预期目标和效果；工程完成后，能否正常运行并与周边环境协调一致；管护主体、管护责任是否落到实处并制定可行的后期经营、管护制度等。

（五）档案资料管理情况。检查项目前期工作、组织管理、实施管理、资金管理、竣工验收等资料是否齐全、真实准确，分类立卷是否规范合理等。

第三十三条　试点工程子项目竣工验收应提供档案管理的全部资料，确认项目组织管理工作到位、资金使用合理、档案管理规范，并且实地检查能够满足下列条件的，工程竣工验收为合格：全面完成批准的各项建设内容并符合相关质量标准；完成的工程量以及绩效目标与批准的实施设计相符；生态环境问题得到较好解决，与具体工程配套的相关政策和生态保护修复长效机制已建设并有效运行。

第六章　档案管理

第三十四条　全过程工程咨询单位要做好试点工程档案管理工作。试点工程档案分前期工作、组织管理、实施管理、资金管理和竣工验收五部分，应分类建档。

（一）前期工作资料指自财政部第三批工程试点立项指南开始至项目施工招投标之前的各项前期准备工作。主要包括可研、实施设计、行政审批、批准实施的文件以及为创造实施条件而开展的如拆迁等工作的资料等。

（二）组织管理资料是指从项目立项到竣工验收全过程的组织领导、制度建设资料，主要包括承担单位编制的项目实施方案、领导机构文件、管理制度，会议纪要、重大事件及有关单位资质材料等。招标公告、招标文件、招标标底编制文件、投标文件、评标报告、中标通知书，勘察设计、施工、监理及管护合同等。

（三）实施管理资料是指施工过程的全要素记录和监理记录，主要包括施工组织设计、施工日记、工程质量评定资料、施工质量检测资料、监理日记，有关原始记录与往来文件，项目实施前、过程中、实施后的影像和多媒体资料等。

（四）资金管理资料主要包括项目资金收支审批资料，财务账册、凭证、报表，工程决算和财务审计报告等。

（五）竣工验收资料主要包括竣工验收申请材料、施工管理总结、工程监理总结及竣工验收报告，相关影像资料等。

第三十五条　试点工程各子项目法人单位要加强基本文件、设计、监理、招投标、施工、建设管理、财务及竣工、施工前后对比影像等资料的收集、整理、归档、保管，确保档案资料的真实性、连续性和完整性。待试点工程通过国家验收后转交本地同级自然资源部门保管留存。

第七章　问责机制

第三十六条　试点工程为国家、自治区重点项目，各级各部门同步开展绩效考核工作，对未完成年度绩效考核指标的项目建设单位予以问责。

第三十七条　项目工作人员在项目审批、资金安排、建设实施等过程中有行政不作为、慢作为，不依法履职行为的，依纪依规给予其党纪政务处理；对玩忽职守、滥用职权、徇私舞弊、索贿受贿等构成犯罪的行为，依法追究刑事责任。

第三十八条　项目参建单位有下列行为之一的，通报批评，责令限期改正；情节较重的，暂停或终止资金支付，已经支付资金的，收回已支付资金：

（一）未按规定或未经批准擅自提高或降低建设标准，改变建设内容，调整投资规模；

（二）依法应实行招标的建设工程未实行招标；

（三）转移、侵占或者挪用政府性投资资金；

（四）未按规定竣工验收或者竣工验收不合格即交付使用；

（五）已经批准的项目，无正当理由未实施或者未按规定时间完成；

（六）转移、隐匿、篡改、毁弃项目审批和建设实施等过程中的有关材料，拒不接受有关行政监督部门依法进行监督检查；

第三十九条　项目发生安全、质量事故的，依法追究项目法人单位和勘察设计、施工、监理等单位以及相关人员的法律责任。

第八章　附则

第四十条　本办法由乌梁素海流域山水林田湖草生态保护修复试点工程指挥部负责解释。

第四十一条　本办法自发布之日起施行。

乌梁素海流域山水林田湖草生态保护修复试点工程资金管理办法

巴财建规〔2019〕2号

第一章　总则

第一条　为全面推进乌梁素海流域山水林田湖草生态保护修复试点工程（以下简称工程）实施，促进资金整合，规范资金管理，提高资金使用效益，根据《中华人民共和国预算法》和《财政部关于印发〈重点生态保护修复治理资金管理办法〉的通知》（财建〔2019〕29号）、《乌梁素海流域山水林田湖草生态保护修复试点工程实施方案》等法律制度规定，以及市委、市政府关于推进乌梁素海流域山水林田湖草生态保护修复试点工程的决策部署，制定本办法。

第二条　资金管理坚持贯彻党的十九大精神和山水林田湖草是一个生命共同体的重要理念，以统筹山水林田湖草系统治理、加快生态巴彦淖尔建设、满足人民日益增长的美好生活需要为根本目标，围绕工程实施方案确定的任务，坚持统筹考虑、系统谋划、综合实施、分步推进，完善协调联动、协同推进的资金投入、项目实施机制，促进区域生态环境修复、改善和保护，确保实现工程绩效目标。

第二章　资金管理范围、原则和职责分工

第三条　纳入管理范围的资金为围绕山水林田湖草生态保护修复试点工程建设投入的各类资金，包括中央和自治区支持的补助资金、市旗县（区）预算安排的资金、统筹整合的相关专项资金、申请发行地方政府债券安排的资金和吸引社会资本投入的资金等。

第四条　实施山水林田湖草生态保护修复工程的主体为市政府，承担各类资金管理的主体责任。财政部门主要负责资金的筹集、整合和管理；自然资源部门主要负责对口部门相关资金的争取和项目的推进实施；生态环境部门主要负责对口部门相关资金的争取和相关项目的督促指导；发展和改革委员会、住房和城乡建设局、水利局、农牧局、林业和草原局等其他市直相关部门，按照各自职能向上争取对口部门的相关资金，并负

责有关资金整合和项目的推进落实。

第五条 统筹整合的各类专项资金不改变原有性质、用途和管理渠道，原专项资金有相关管理办法的仍适用。

第六条 市和相关旗县（区）可以按照“统一规划、分级负担、统筹使用、综合考评”的原则等有关政策规定，围绕《乌梁素海流域山水林田湖草生态保护修复试点工程实施方案》，将各类资金统筹用于工程建设。

第七条 资金安排应注重发挥协同效应，避免相关专项资金重复安排。资金使用管理应遵守国家有关法律、法规和财政财务管理规章制度。

第八条 有关旗县（区）要根据本办法，结合实际开展本级资金筹集，并做好与市级资金划转工作，共同推进乌梁素海流域山水林田湖草生态保护修复试点工程实施。

第三章 资金预算执行管理

第九条 本办法所指的资金要统一纳入政府投资项目管理平台系统进行项目全流程管理，实行纵横实时联动绩效监管机制，即自治区、市和旗县财政部门三级纵向联网管理；所有参与项目建设管理的市直监管机构及部门、项目承担单位、项目全过程管理公司横向联网管理。

第十条 各类资金要由市级统筹安排分配使用，并按照信息公开有关规定进行公开，接受社会监督。

第十一条 市级财政部门通过管理平台系统下达资金预算指标后，项目承担单位提出申请使用资金计划，要先经全过程管理公司审核相关手续，再经项目主管部门确认，最后由政府监管机构审批下达支付指令，财政部门从国库集中支付系统及时拨付资金，实现资金安全封闭运行。

第十二条 全过程管理公司充分利用政府投资项目管理平台，监督审核项目承担单位项目基本信息录入的完整性、准确性和真实性，跟踪监督项目建设进度，向政府监管机构和项目主管部门实时反馈项目实施情况，定期开展绩效执行评价。

第十三条 各类资金支出涉及政府购买服务、政府采购、项目招标的，根据《中华人民共和国政府采购法》《中华人民共和国招标投标法》等法律法规制度执行。结转、结余资金，根据财政资金结转结余管理有关规定处理，防止资金闲置沉淀。

第四章 绩效管理与监督检查

第十四条 工程实施过程中，如实施环境和条件发生重大变化，应按照工程目标不降低的原则调整实施方案，按规定程序报批，并报送自治区财政厅、生态环境厅和自然资源厅备案。

第十五条　资金的绩效管理组织指导工作由市级财政部门负责，绩效目标制定申报、督促绩效目标落实工作由市级各主管部门和全过程管理公司负责，绩效评价由市财政局会同生态环境局、自然资源局按有关规定实施。绩效评价实行季度报告制度、年度评价制度和总体绩效评价制度，保证完成绩效目标分阶段考核和评估，确保实现整体绩效目标。

统筹整合的其他财政专项资金如有该专项资金的绩效评价办法，则按照相关规定开展绩效管理。

第十六条　市财政局会同生态环境局、自然资源局对资金使用情况进行监督检查，重点检查资金使用及工程进度、建设管理等情况，对存在问题督促限期整改。其他管理渠道统筹整合的财政资金，由相关主管部门按照职责根据有关规定进行监督检查。

第十七条　对有关国家部委和自治区有关部门开展的绩效管理与监督检查，市和相关旗县政府及有关部门、项目实施单位要主动配合，如实提供资料，及时按要求整改存在的问题，提高资金使用效益。

第十八条　项目完成后，要及时组织竣工决算审计、验收等工作。工程项目形成的各类设施要交由所在地县级以上人民政府承担管护责任，负责运行管理和维护。

第五章　责任追究

第十九条　对违规分配和不按规定使用资金，以及其他滥用职权、玩忽职守、徇私舞弊等违纪违法行为，根据有关法律法规规定严肃追究责任，涉嫌犯罪的根据有关规定移送司法机关处理。

第二十条　项目实施单位对项目实施和资金使用负责。对虚报冒领、骗取套取、挤占挪用以及其他违反国家统一财政法规制度的行为，按照《中华人民共和国预算法》和《财政违法行为处罚处分条例》（国务院令第427号）等有关法律法规规定追究相应责任。

第六章　附则

第二十一条　本办法由市财政局负责解释。

第二十二条　本办法自发布之日起施行，有效期至2021年6月30日。

乌梁素海流域山水林田湖草生态保护修复试点工程资金绩效评价办法

巴财建规〔2019〕3号

第一章 总则

第一条 为进一步加强乌梁素海流域山水林田湖草生态保护修复试点工程资金管理，切实提高资金使用效益，推动完成工程绩效目标，根据《中华人民共和国预算法》、《财政部关于印发政府投资基金暂行管理办法的通知》(财预〔2015〕210号)、《财政部关于印发中央对地方专项转移支付管理办法的通知》(财预〔2015〕230号)、《财政部关于印发〈重点生态保护修复治理资金管理办法〉的通知》(财建〔2019〕29号)，以及《内蒙古自治区财政支出绩效评价管理办法》(内政办发〔2016〕171号)、《巴彦淖尔市政府关于印发乌梁素海流域山水林田湖草生态保护修复试点工程资金管理办法》等有关规定，结合我市实际，制定本办法。

第二条 本办法所称绩效评价，是指对乌梁素海流域山水林田湖草生态保护修复试点工程（以下简称工程）有关资金的使用管理过程及其效果进行综合性考核与评价。

第二章 绩效评价原则和依据

第三条 绩效评价坚持公平、公正、规范、高效的原则。绩效评价工作由市级财政、生态环境、自然资源部门按照工程资金管理办法等规定组织实施，其他相关主管部门配合，具体工作由依规委托的全过程管理公司开展。

第四条 绩效评价的依据：

（一）国家相关法律法规，党中央、国务院关于推进生态文明建设、统筹山水林田湖草系统治理的有关方针、政策，财政部、生态环境部（原环境保护部）、自然资源部（原国土资源部）制定的山水林田湖草生态保护修复试点工程相关规章、制度、办法和文件。

（二）国家、自治区下达的工程资金、绩效目标等文件。

（三）自治区、市、相关旗县（区）制定的推进乌梁素海流域山水林田湖草生态保护修复工程实施的有关工作方案、管理制度、考核办法等文件。

（四）《乌梁素海流域山水林田湖草生态保护修复试点工程实施方案》《巴彦淖尔市政府关于印发乌梁素海流域山水林田湖草生态保护修复试点工程资金管理办法的通知》等文件。

（五）其他相关规定。

第三章　绩效目标管理

第五条　本级相关主管部门和全过程管理公司要根据乌梁素海流域山水林田湖草生态保护修复试点工程实施方案和财政部反馈第三批山水林田湖草生态保护修复工程试点绩效目标及内蒙古自治区下达绩效目标，合理分解工程各年度绩效目标，细化、落实到具体项目和单位，确保每项绩效目标都有责任单位、考核对象，工程绩效管理链条清晰完整。

第六条　每年第四季度结束后，财政、生态环境和自然资源部门要根据当年度绩效目标完成情况，在不降低国家和自治区确定的工程绩效目标基础上，确定工程下一年度绩效目标，并以正式文件形式报送内蒙古自治区财政厅、生态环境厅和自然资源厅，作为年度绩效管理的依据。

第四章　绩效评价内容

第七条　绩效评价内容主要包括工程的资金投入情况（主要是资金的筹集、分配、到位、使用等情况）、资金和工程管理情况（主要是预算执行、投资完成、项目管理、绩效管理等情况）、产出和效果情况（主要包括项目进度、质量达标和经济、社会、生态效益、绩效目标实现等情况）。

第八条　市财政局、生态环境局、自然资源局拟定工程实施绩效评价指标框架体系，供有关单位开展绩效评价工作时参考，其中三级指标可由自评单位根据实际进行调整。

第五章　绩效监控和公开

第九条　绩效评价实行实时动态监控，全过程管理公司应从政府投资项目管理平台系统于每季度末生成当季工程实施情况的绩效评价报告，连同相关附件材料上传，由相关主管部门审核绩效目标指标完成情况，必要时择机选择部分项目进行实地抽查，并对为按进度完成的目标提出整改要求和时限，同时于下季度第一月的中旬前反馈市财政局绩效监控情况。全过程管理公司对绩效评价提供信息材料的真实性、及时性和完整性负责，对材料上报不及时或内容不全、不实、不规范的将视情况扣分。

第十条　绩效评价要根据政府信息公开、预算管理等有关规定，做好公开工作。

第六章 绩效结果考核和应用

第十一条 绩效评价结果量化为百分制得分，设置优秀、良好、合格、不达标四个等级。综合评分 90（含）－100 分为“优秀”，80（含）－90 分为“良好”，60（含）－80 分为“合格”，60 分以下为“不达标”。

第十二条 加强绩效评价结果应用，对年度绩效评价结果为“不达标”的项目，减少有关资金安排，并督促做好问题整改；对整改不力的，停止有关资金安排，并视情况按规定收回有关资金；对年度绩效评价结果为“合格”以上的，参考得分档次安排资金。

第十三条 工程绩效评价结果将作为考核全过程管理公司监管项目的重要依据，与服务费用的支付挂钩。

第七章 绩效报备管理

第十四条 市财政部门和资金使用管理相关主管部门要协调配合做好绩效目标管理工作，合理确定绩效目标及指标，按程序报内蒙古自治区财政部门和相关部门备案，作为绩效执行监控和绩效评价的依据。

第十五条 市财政局要按季度上报自治区财政厅工程季度绩效执行监控情况，年度终了要报送工程年度绩效评价情况，项目工程全部完工后要做好总体绩效评价，供自治区和中央考核绩效参考。

第八章 责任和追究

第十六条 相关工作人员在资金绩效评价组织实施过程中，存在滥用职权、玩忽职守、弄虚作假等违法违纪行为的，根据有关法律法规规定严肃追究相应责任；涉嫌犯罪的，根据有关规定移送司法机关处理。

第九章 附则

第十七条 本办法由市财政局负责解释。

第十八条 本办法自发布之日起施行，有效期至 2021 年 6 月 30 日。

第二篇

报批报建管理篇

第二辑

乌梁素海流域山水林田湖草生态保护修复试点工程报批报建管理办法

WLSH1-PM02-TJEC-001

1　总则

为了规范乌梁素海流域山水林田湖草生态修复试点工程报批报建工作行为及事务的处理标准，把报批报建的工作流程化、制度化、规范化，进而全面促进本项目的工程取得新进展，根据国家工程管理相关法律法规及乌梁素海流域山水林田湖草生态修复试点工程的特点制定本管理办法。

2　适用范围

本管理办法适用于正在实施的乌梁素海流域山水林田湖草生态修复试点工程的报批报建。

3　报建管理部门或管理人员的职责

- 熟悉国家及地方建设工程领域的各项法律法规以及审批流程。
- 负责协调 EPC 总承包单位配合报建应做的各项工作，包括应缴纳的各项费用、项目备案以及竣工资料的预审等。
- 及时办理立项、规划、报建、竣工验收、备案等各项手续。
- 编制工程项目全流程报批报建主要节点工作计划，客观反映证件办理的阶段性和可行性。计划中应注明各项工作的前置条件、资料的要求和提交时间。如出现因特殊原因无法按照计划办理的情况，应向主管领导申请延期，并注明延期的原因，评估对总体工程项目的影响以及延长的期限。
- 对办理完毕的单位工程各项证件及时登记、扫描、存档，并编制证件办理台账。
- 对预缴的各项费用和押金等，按单位工程建立台账，预估回收日期，及时收回。
- 报批报建责任人应及时跟踪有关政策和地方法规的变化，凡涉及在建项目的应及时上报主管领导，采取应对措施，避免多缴费等管理风险。

- 负责报批报建内务及行政工作，管理报批报建内部档案及信息台账。
- 搜集、整理项目所在地行政审批制度和流程，整理报批报建工作例会记录。
- 完成上级安排的其他工作。

4 报批报建工作守则

- 根据乌梁素海流域山水林田湖草生态修复试点工程总进度计划和各施工合同内容，确定报批报建工作计划并将各节点责任落实到部门和个人。
- 严格执行建设单位的指令、计划，积极办理项目相关报批报建手续，确保项目具备施工条件。
- 办理项目报批报建手续的过程中，要积极主动地对接相关政府职能部门，询问需要提交的各种证照资料及办理时限，进行跟踪办理。对出现的难以解决的问题应及时上报，并提交解决方案，经研究后确定解决办法。
- 手续办理过程中，要积极主动地通过建设单位向其他部门询问支撑材料的准备情况，对其他部门材料提交可能出现滞后的问题，要及时提醒相关部门注意。
- 在手续办理过程中取得的各种证照合同等资料、正本原件必须在第一时间存档，报批报建管理人员应备份存档。
- 报建专员应加强行为自律和职业操守，未经建设单位许可，不得以任何方式泄露报建工作机密、商业机密、企业机密。
- 要熟知本岗位的职责范围，遵循专职部门、专职岗位做专职工作的原则，不得超越职权范围。
- 报建工作应合法合规，杜绝不正之风。如遇特殊情况，应提前上报项目经理及建设单位，由项目经理或建设单位批准并确定标准。
- 树立大局观，积极配合其他部门的工作，对其他部门提出的协作要求要及时反馈协调结果。

5 报批报建主要工作办理流程

5.1 沙

1）立项审批

- 项目可研报告评审。
- 项目可研报告审批。
- 项目规划选址意见。

- 项目土地预审意见。
- 项目环评评审。
- 项目环评批复意见。
- 项目资金到位证明。
- 项目立项审批。

2）设计

- 施工图设计审查。
- 施工图设计备案。

5.2 山

1）立项审批

- 项目可研报告评审。
- 项目可研报告审批。
- 项目资金到位证明。
- 招标备案。

2）设计

- 施工图设计审查。
- 施工图设计备案。

5.3 水

1）立项审批

- 项目可研报告评审。
- 项目可研报告审批。
- 项目规划选址意见。
- 项目土地预审意见。
- 项目环评批复意见。
- 社会稳定风险评估意见。
- 社会稳定风险评估报告备案。
- 水土保持方案评审。
- 生态影响专题报告评审。
- 项目环境影响评价评审。
- 项目资金到位证明。
- 招标备案。

- 项目立项审批（巴彦淖尔市发展和改革委员会）。

2）设计

- 施工图设计审查。
- 施工图设计备案。

5.4 林草

1）立项审批

- 项目可研报告评审。
- 项目可研报告审批。
- 项目规划选址意见。
- 项目土地预审意见。
- 项目环评批复意见。
- 项目资金到位证明。
- 项目立项审批。

2）设计

- 施工图设计审查。
- 施工图设计备案。

5.5 田

1）立项审批

- 项目可研报告评审。
- 项目可研报告审批。
- 项目规划选址意见。
- 建设工程规划许可证。
- 施工许可证。
- 国有土地使用证。
- 项目土地预审意见。
- 项目环评批复意见。
- 污水处理工艺的批复。
- 环境影响报告意见。
- 社会稳定风险评估意见。
- 社会稳定风险评估报告备案。
- 项目资金到位证明。

- 项目立项审批（巴彦淖尔市发展和改革委员会）。

2）设计

- 施工图设计审查。
- 施工图设计备案。

5.6　湖

1）立项审批

- 项目可研报告评审。
- 项目可研报告审批。
- 项目规划选址意见。
- 项目土地预审意见。
- 项目环评批复意见。
- 社会稳定风险评估意见。
- 社会稳定风险评估报告备案。
- 项目资金到位证明。
- 项目立项审批。

2）设计

- 施工图设计审查。
- 施工图设计备案。

第三篇

设计管理篇

乌梁素海流域山水林田湖草生态保护修复试点工程设计管理办法

WLSH1-PM02-TJEC-002

1　总则

1.1　编制依据

- 乌梁素海流域山水林田湖草生态保护修复试点工程资料及管理规定。
- 有关法律法规、标准和技术规范。

1.2　编制目的

为规范项目设计及设计管理工作，保证设计成果质量，提高项目投资效益，特制定本管理办法。

1.3　适用范围

本管理办法适用于乌梁素海流域山水林田湖草生态保护修复试点工程项目建设过程中各个设计阶段的设计管理工作，主要分为方案设计阶段、初步设计阶段、施工图设计阶段（包含专项设计和深化设计工作）、施工现场服务阶段。

1.4　各方管理职责

1）建设单位的管理职责

- 设置各专业专职管理人员，负责对口专业设计管理工作，把控设计文件编制范围、质量和进度。
- 明确限额设计参数，负责 EPC 总承包单位的招投标工作。
- 按项目的建设总体进度计划，督促 EPC 总承包单位制订详细的设计出图的时间节点计划，并报建设单位备案。

- 负责编写各阶段设计要求文件。
- 负责各阶段图纸的审核工作。
- 组织设计交底，参加图纸会审，进行设计变更管理以及施工现场的协调推进。
- 明确 EPC 总承包单位与各专业设计单位之间的管理界面。
- 审批 EPC 总承包单位、专项设计单位、深化设计单位上报的各类文件。
- 负责对参建单位设计管理工作的总控督导、考核工作。
- 负责各阶段最终设计文件、报批报审文件、会议纪要等设计相关文件的整理、存档工作。

2）全过程咨询单位的管理职责

- 协助建设单位组织设计交底、图纸会审，参加方案论证、专家评审以及设计会议等。
- 核查施工图设计文件，检查设计文件之间的匹配性，核查设计文件与施工现场情况的一致性。
- 对重大设计问题、重要技术方案出具专业意见。
- 审核深化设计成果文件，并出具专业意见。
- 配合建设单位对设计管理工作的检查考核。

3）EPC 总承包单位的管理职责

- 根据任务目标要求，组建团队、编制设计进度总控计划、提出设计质量保证措施和设计资源配置方案等，报建设单位审批。
- 在各阶段设计过程中严格遵守限额设计要求，确保项目造价可控。
- 配合建设单位的设计管理工作，按时交付合格的设计成果文件。
- 参加建设单位组织的方案论证、专家评审等会议，并提出具体的技术意见。
- 进行设计交底，参加图纸会审，按时参加设计会议，及时出具设计变更意见。
- 派驻设计代表，及时处理施工中的设计问题。
- EPC 总承包单位负责设计分包单位之间的协调管理和技术衔接，制定总体工程设计文件的统一规定和要求。
- 负责对专项设计、深化设计成果文件进行确认，并负责各专业之间的技术衔接和总体平衡，以及设计的技术接口和管理接口的协调工作。
- 遵守建设单位制定的各种管理制度、管理办法等文件。
- 配合建设单位对设计工作的检查考核。
- 因设计单位原因影响设计质量与进度，导致建设单位利益受损，应按照设计合同约定追究设计单位和设计人员责任。

4）专项设计单位的管理职责

- 在原设计基础上，对专项工程进行深化设计，不得改变原设计意图、功能。
- 服从 EPC 总承包单位管理，出图进度满足合同及现场实际施工的需求。
- 及时进场进行交底，解决施工中出现的与图纸有关的各类问题。
- 参加设计交底、图纸会审，发现问题及时提出。

5）深化设计单位的管理职责

- 配合 EPC 总承包单位的整体管理和统筹协调。
- 负责编制深化设计实施方案，报全过程咨询单位、建设单位审批后执行。
- 需遵守 EPC 总承包单位的相关规定，配合主体设计单位、专项设计单位，按期、高质量地完成深化设计。
- 参加设计交底、图纸会审，发现问题及时提出。
- 根据建设单位要求，参加有关方案论证、专家评审以及设计协调会。
- 配合建设单位对设计管理工作的检查考核。

2 管理流程及说明

1）设计管理流程

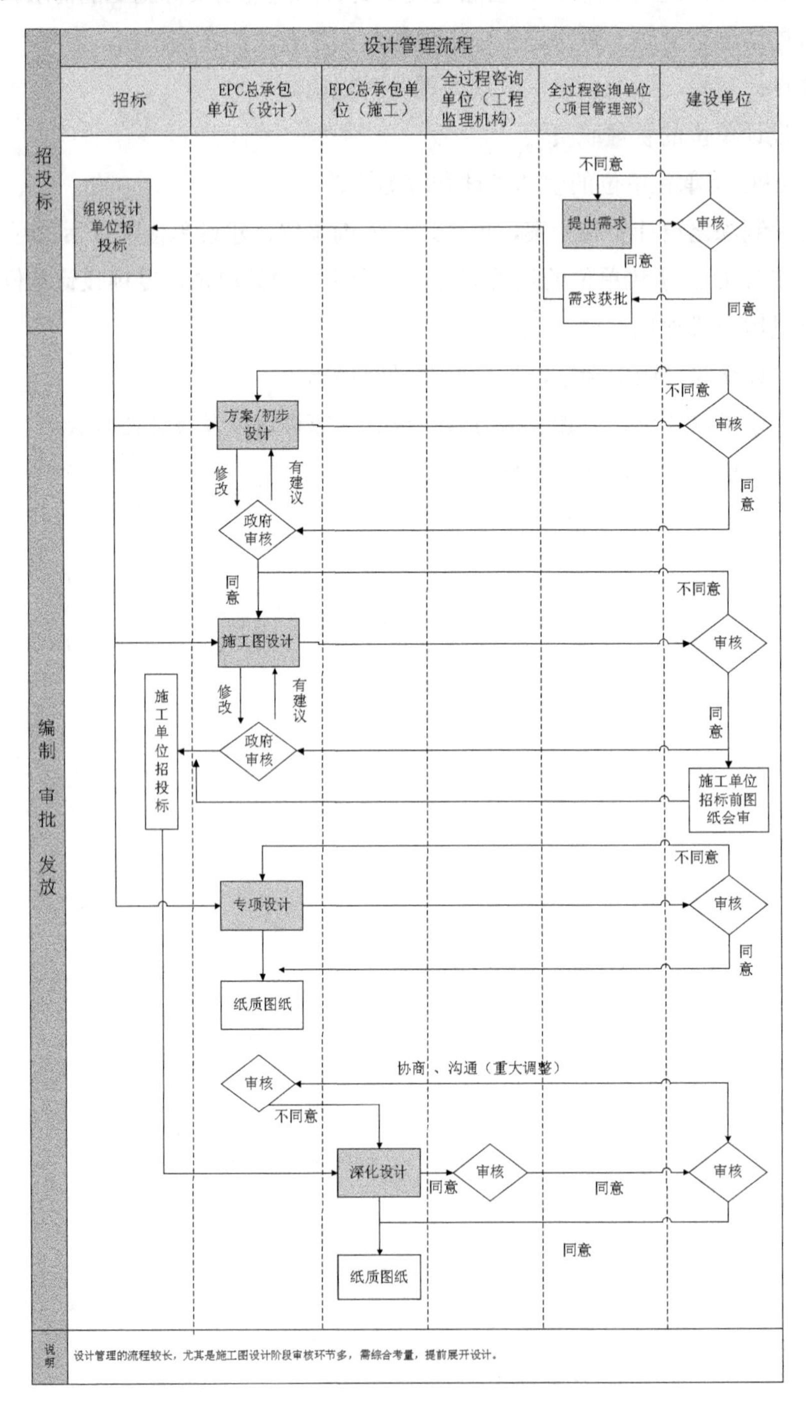

图1 设计管理流程

2）设计管理流程说明

- 方案设计、初步设计、施工图设计、专项设计参照本流程实施。
- 由建设单位编制各阶段设计任务书，向 EPC 总承包单位提供必要的基础资料。
- EPC 总承包单位根据委托合同，制订各阶段出图节点计划，并报建设单位审批。
- 建设单位审核各阶段成果文件。EPC 总承包单位根据审核意见修改、完善设计成果文件，经建设单位同意后，及时向外部政府职能部门报批并取得通过审核的书面文件。
- 施工图设计成果须报建设单位备案。
- 建设单位每月组织一次协调推进会，检查、核实项目设计工作推进情况，并协调解决设计过程中存在的困难，对设计过程中的重大议题及时进行决策。会议内容形成会议纪要，留档保存。
- 发生设计变更、设计优化等类似事件时，按《工程变更签证管理办法》报建设单位批准，按“先批准、后实施”的原则处理。
- 若专项设计另行发包，其设计成果须经 EPC 总承包单位确认。

3）深化设计管理流程说明

- 由建设单位组织开展项目的深化设计工作。
- 深化设计由 EPC 总承包单位和各专项、专业施工单位实施，涉及对原方案进行重大调整的，须原设计单位书面确认。
- 深化设计单位制定深化设计方案，报建设单位审批。
- 全过程咨询单位、建设单位对深化设计成果文件进行审核。
- 深化设计单位完善、落实各单位审核意见后，经建设单位同意出正式图纸。

3 业务管理规定

1）EPC 总承包单位在施工现场服务阶段的管理

- 施工前，建设单位和工程监理机构组织人员向 EPC 总承包单位进行设计交底，EPC 总承包单位应对交底过程中提出的问题给出书面答复。
- EPC 总承包单位派代表负责跟踪、落实图纸会审意见。
- 对重大设计变更、方案调整及质量缺陷处理方案等提供设计意见。
- 参与深化设计审核，并督促本单位及时提供设计变更图纸。
- 参与重大设计变更交底及工程验收。

2）设计质量管理

- 各阶段设计文件内容应经济、合理、环保，具有可实施性；各专业之间内容应协调统一。

- 在设计概算、施工图预算以及施工设计变更等阶段，应按照国家、地方、行业规范和标准编制各类经济文件。各类工程技术经济指标要符合工程项目实际和市场行情，设计概算和施工图预算要做到不漏项、不错项，定额套取准确规范。
- 建设单位应保证作为设计依据的基础资料（规划条件、公共事业配套条件、需求分析、可行性研究报告、任务书、勘察/勘测报告、专题及科研资料等）具有全面性、准确性、可靠性和时效性。
- EPC 总承包单位提交的设计成果文件必须满足国家现行规范、《建设工程设计文件编制深度规定》及建设单位的相关要求，其中施工图设计还应满足编制工程量清单、指导工程实施的深度要求，应通过消防、人防、第三方审查机构等部门的审查；所有的设计成果文件必须有设计单位的签章，否则建设单位不予接收。
- EPC 总承包单位须负责组织设计基础资料、外业成果、中间成果文件等的阶段性审查，以及设计成果文件的内部审查和外部审查；应按照各项审查的要求及时准备文件资料，并按合同要求承担相关的会务工作。
- EPC 总承包单位负责组织并逐项落实设计文件咨询、审查意见。

3）设计进度管理

- EPC 总承包单位必须根据合同约定的期限编制设计出图节点计划，经建设单位确认后执行。
- EPC 总承包单位于每月定期向建设单位提交本月的设计工作月报，内容包括本月的工作情况及下个月的月度计划等。
- 建设单位根据实际工作需要对设计进度的调整，EPC 总承包单位应贯彻执行。若设计工作关键点因非 EPC 总承包单位影响导致不能按计划完成，EPC 总承包单位必须提前书面通知建设单位，并说明原因。

4）设计的界面管理

- EPC 总承包单位负责全面设计工作，应对后续专项设计、各阶段（包括专项设计、二次深化设计）设计质量整体负责。
- EPC 总承包单位应建立健全管理接口、技术接口的表格和流程，明确工作程序及相应的责任单位、责任人员。
- 技术接口协调是确保设计质量的重点和难点，EPC 总承包单位应加强技术接口管理的力度。

5）设计资料的管理

- 设计协调会会议纪要由建设单位存档，并下发到参会单位。
- 所有 EPC 总承包单位盖章出具的成果文件，均须上报建设单位备案。
- 建设单位与 EPC 总承包单位之间来往的各类文件，专家评审、第三方评审及工程重难点研讨等成果文件，应分纸质版和扫描版两种，按项目以月份为索引存档。

- 对涉及保密内容的设计文件的存档、借阅、转移，应遵照国家、地方及建设单位有关保密规定执行。

4　检查与考核

- 检查与考核内容须在招投标文件或合同文件中约定。
- 设计单位要努力提高设计质量，避免设计失误。因设计原因导致工程投资增减的，按招投标或合同文件中相关绩效设计费条款执行。

乌梁素海流域山水林田湖草生态保护修复试点工程设计变更管理办法

WLSH1-PM02-TJEC-003

1　总则

1.1　编制依据

- 乌梁素海流域山水林田湖草生态保护修复试点工程资料及管理规定。
- 依据有关法律法规、标准和技术规范。

1.2　编制目的

为加强乌梁素海流域山水林田湖草生态保护修复试点工程的建设管理，规范设计变更行为，明确各方职责和权限，根据国家及行业主管部门的工程设计变更有关规定和本工程签订的合同文件，结合《乌梁素海流域山水林田湖草生态保护修复试点工程项目管理手册》及建设实际状况，制定本管理办法。

1.3　适用范围

本管理办法适用于乌梁素海流域山水林田湖草生态保护修复试点工程，SPV公司（以下简称业主单位）、项目管理单位、监理单位、设计单位、施工单位应遵照执行。

1.4　管理原则

- 设计变更应符合环境保护的要求。设计变更应遵循安全、科学、经济和实用的原则，不影响施工工期、不降低使用功能、不浪费社会和自然资源。
- 设计变更前应进行充分的技术、经济论证，避免主观片面性和盲目性。
- 经批准的项目勘察设计文件，不得随意变更。

2 设计变更的条件

1）原设计文件存在以下问题而提出的变更：

- 设计文件中存在错、漏、碰、缺部分。
- 勘察设计资料不详尽，导致设计不准确甚至存在重大问题。
- 原设计内容与实际自然条件（地质、水文、地形等）不符，无法指导施工。

2）为合理利用自然资源、提高工程建设成效而提出变更。

- 为推广应用先进实用技术，更好地保证工程质量，节省工程投资。
- 在不降低工程质量标准和使用功能的前提下，能减少工程数量、降低工程成本、降低施工难度，不增加相邻工序的工作量及难度，加快施工进度的设计优化。
- 有利于工程施工安全、有利于节省用地、有利于环境保护、避免水土流失、改善施工条件的设计修改或调整。

3）因农田、水利等项目建设及城镇规划、文物、环境保护的需要而提出变更。

4）上级主管部门和项目业主对工程建设提出新的工程技术等要求，如建设规模、技术标准的改变，而做相应的变更。

5）因自然灾害及不可预见原因而引发的其他设计变更。

3 设计变更基本原则

- 设计变更应遵循乌梁素海流域山水林田湖草生态保护修复试点工程设计变更管理办法的相关规定。
- 经批准的设计变更一般不得再次变更。
- 所有的设计变更现场踏勘、讨论阶段应由业主单位、设计、监理和施工单位四方同时在场。
- 任何个人不得越权批准设计变更，原则上不得先实施后进行变更报批。

4 设计变更程序

4.1 设计变更可以由业主单位、施工、监理、设计提出

施工、监理应做好变更资料的收集、整理工作，对变更原因、理由、方案比较、工程数量和单价的核实等做详细说明；设计单位及时做好现场勘察工作，提出明确意见。

4.2 设计变更的审查要点

设计变更审查应从变更理由、论证方案、报审程序、工程数量及单价的核实、资料

是否齐全等环节严格审查。

4.3 设计变更审批程序

- 由施工单位提出的变更，施工单位应向监理单位以变更建议书（附件 1）形式提出变更申请及建议变更方案（有设计、监理、业主单位书面变更建议的应附后），一式六份，变更建议书经监理单位审核后报业主单位。业主单位组织设计代表、施工、监理等单位对现场进行勘察并形成现场办公记录（附件 4），搜集相关变更资料并进行分析研究，明确意见后提交业主单位对变更进行审查（附件 3）。业主单位对变更申请及变更方案同意后向设计单位发工程联系单，在收到设计单位的技术联系单后，由业主单位转发，施工单位在收到业主单位转发的设计院技术联系单后的 10 日内，向监理单位报送工程变更报告单（附件 2）（包括附件，各种签署手续齐全）一式六份，监理单位收到之日起 3 日内审核同意后报业主单位（设计单位签认）及各市、区、旗县主管部门批复。
- 由业主单位提出的变更，应以书面的形式通知监理单位、施工单位，施工单位直接进入变更报告审批流程。如变更需设计单位出变更图纸的，业主单位以工程联系单的方式致设计单位。设计单位对一般事项应在 3 日内，重大事项应在 10 日内处理完毕，经业主单位审核后发相关单位。
- 由设计单位、监理单位提出的变更，经业主单位审查同意后，以书面的形式通知施工单位，直接进入变更报告审批流程。
- 按预计变更金额，业主单位审批流程做如下设定：Ⅲ级变更：单项工程变更工程量或费用小于单项投资 10%的设计变更，经监理单位审核通过，总监同意签字并报业主单位同意后实行。Ⅱ级变更：10%单项投资≤变更量≤30%单项投资的设计变更，由业主单位领导组织相关会议协同决定，审核同意并内部沟通后方可实行。Ⅰ级变更：变更量≥单项投资 1 000 万元或单项投资 30%的设计变更属于重大变更，需业主单位组织联系旗县领导、设计批复单位专家论证商议可行性，并报市专项领导小组审核同意方可实行。
- 工程变更批复之后，监理单位应根据合同规定，签发工程变更令，通知 EPC 总承包单位实施。

4.4 应急、抢险工程等的设计变更程序。

按照合同相关规定执行。

5 设计变更内部协调原则

因 EPC 总承包单位设计不到位或施工质量不达标所造成的变更，应由 EPC 总承包单位内部协商自行承担责任。

6 设计变更的设计、施工与资金管理

- 设计变更的勘察设计原则上应由原勘察设计单位承担；重大变更设计经原勘察设计单位同意，业主单位可以选择其他具有相应资质的勘察设计单位承担。设计变更勘察设计单位应及时完成勘察设计，形成设计变更文件，并对设计变更文件承担相应责任，设计变更文件深度应达到施工图设计文件编制要求。
- 由于设计变更发生的建筑安装工程费、勘察设计费和监理费等费用的变化，按照建设项目工程总承包合同约定执行。由于设计变更发生的工程建设单位管理费、征地拆迁等费用的变化，按照国家有关规定及相关合同约定执行。
- 由于勘察设计、施工等有关单位的过失引起工程设计变更并造成损失的，有关单位应按合同文件约定承担相应的费用和相关责任。
- 按照本管理办法规定经过审批的设计变更，其费用变化纳入决算。未经批准的设计变更，其费用变化不得纳入决算。
- 对设计文件中的明显错误，业主单位、监理单位、施工单位均有义务提出完善意见和建议，并按程序履行变更手续，做好变更管理台账。针对施工图中工程量存在明显遗漏、估量或实施过程中工程量自然增减的情况应按要求办理数量确认单（附件 3）或现场办公记录（附件 4）。
- 各单位应规范设计变更行为，按本规定要求进行变更申请，并建立动态设计变更台账（附件 5），施工单位应按月报告监理审核后上报业主单位。
- 设计变更建议书采用统一的表式，并按规定编号（编号要求见说明），变更建议书内容包括：设计变更说明。设计变更的工程概况、设计变更原因及理由、设计变更内容、变更前后工程量及资金变化情况、变更引起的工期变化说明；专家审查意见（如有）；变更前设计图纸和变更方案图（变更前后影像资料）；工程量计算及说明；工程单价及变更前后造价分析；有关的其他资料（测量试验资料、信函、文件、工地现场办公记录或工程联系单等）。
- 设计变更报告单采用统一的表式，并按规定编号（编号要求见说明），变更报告单内容包括：设计变更说明。设计变更提出及批复的过程、变更后方案、增减费用以及工期变化等内容；变更建议书批复复印件；变更前后设计图；工程量计算及说明；工程单价及变更前后造价分析；具体相关表式见附件要求。

- 设计变更建议书及附件、报告单及附件、变更令等资料应装订成册，纳入工程档案。
- 任何单位或个人不得违规设计变更，不得在设计变更中弄虚作假从而损害其他方利益。

7 附则

- 工程变更文件编号办法按照《乌梁素海流域山水林田湖草生态保护修复试点工程项目管理手册》中的文件编号规则施行。
- 为确保设计变更管理工作规范、高效进行，加强对设计变更的监督管理，防止发生恶意变更增加费用及产生腐败现象，业主单位按相关规定，对设计变更公开，公开设计变更过程、设计变更批复结果等。

附件

1. 乌梁素海流域山水林田湖草生态保护修复试点工程变更建议书
2. 乌梁素海流域山水林田湖草生态保护修复试点工程变更报告单
3. 乌梁素海流域山水林田湖草生态保护修复试点工程数量确认单
4. 乌梁素海流域山水林田湖草生态保护修复试点工程现场办公记录
5. 乌梁素海流域山水林田湖草生态保护修复试点工程设计变更台账

附件 1：

乌梁素海流域山水林田湖草生态保护修复试点工程变更建议书

施工单位：______________　项目名称：______________

监理单位：______________　编　　号：______________

<table>
<tr><td>变更原因及主要内容</td><td colspan="4"></td></tr>
<tr><td colspan="2">估计增减金额</td><td></td><td>变更等级</td><td></td></tr>
<tr><td colspan="2">监理单位意见</td><td colspan="3">总监（签字、公章）：</td></tr>
<tr><td colspan="2">设计单位意见</td><td colspan="3">设计代表（签字、公章）：</td></tr>
<tr><td rowspan="3">全过程咨询单</td><td>设计管理部</td><td colspan="3">经办人：　　负责人：</td></tr>
<tr><td>造价管理部</td><td colspan="3">经办人：　　负责人：</td></tr>
<tr><td>公司领导</td><td colspan="3">签字（公章）：</td></tr>
<tr><td colspan="2">业主单位意见</td><td colspan="3">签字（公章）：</td></tr>
</table>

附件 1-1：

乌梁素海流域山水林田湖草生态保护修复试点工程
变更预估造价分析表

项目名称： 桩号或部位： 变更建议书编号：

序号	项目编号	变更项目名称	计量单位	单价（元）	变更前		变更后		变更情况（+、−）		备注
					数量	金额（元）	数量	金额（元）	数量	金额（元）	
1											
2											
合计											

编写： 复核： 造价工程师：

附件 2：

乌梁素海流域山水林田湖草生态保护修复试点工程变更报告单

施工单位：______________　项目名称：______________

监理单位：______________　编　　号：______________

<table>
<tr><td colspan="2">变更项目名称</td><td></td><td>桩号或部位</td><td colspan="2"></td></tr>
<tr><td colspan="2">原设计图名称</td><td></td><td>图　号</td><td colspan="2"></td></tr>
<tr><td colspan="2">变更等级</td><td colspan="4">Ⅲ级 □　Ⅱ级 □　Ⅰ 级 □</td></tr>
<tr><td colspan="6">变更说明：

施工单位（签字、公章）：　　　　日期：</td></tr>
<tr><td colspan="2">变更金额</td><td>元</td><td>工期变更</td><td colspan="2">天</td></tr>
<tr><td colspan="2">监理单位意见</td><td></td><td colspan="3"></td></tr>
<tr><td colspan="2">设计单位意见</td><td></td><td colspan="3">设计代表（签字、公章）：</td></tr>
<tr><td rowspan="3">业主单位意见</td><td>设计管理部</td><td></td><td colspan="3">负责人：</td></tr>
<tr><td>造价管理部</td><td></td><td colspan="3">负责人：</td></tr>
<tr><td>业主单位领导</td><td></td><td colspan="3">签字（公章）：</td></tr>
<tr><td colspan="2">行业主管部门意见</td><td></td><td colspan="3"></td></tr>
</table>

附件 2-1：

乌梁素海流域山水林田湖草生态保护修复试点工程
变更造价分析表

项目名称： 桩号或部位： 变更报告单编号：

序号	清单号	变更子目名称	计量单位	单价（元）	变更前		变更后		变更情况（+、−）		备注
					数量	金额（元）	数量	金额（元）	数量	金额（元）	
1											
2											
3											
4											
合计											

编写： 复核： 造价工程师：

附件 3：

乌梁素海流域山水林田湖草生态保护修复
试点工程数量确认单

施工单位：________________项目名称：________________

监理单位：________________编　　号：________________

<table>
<tr><td>工程名称</td><td></td><td>工程部位</td><td></td></tr>
<tr><td>桩号或部位</td><td colspan="3"></td></tr>
<tr><td colspan="4">工程内容：

施工单位（签字、公章）　　　　　　　　　　　　日期</td></tr>
<tr><td>监理单位意见</td><td colspan="3"></td></tr>
<tr><td>设计单位意见</td><td colspan="3"></td></tr>
<tr><td>业主单位</td><td colspan="3"></td></tr>
<tr><td>行业主管部门</td><td colspan="3">
签字（公章）：</td></tr>
<tr><td colspan="4">附：工程联系单、原始记录、工程数量表及相关图纸等</td></tr>
</table>

附件 4：

乌梁素海流域山水林田湖草生态保护修复
试点工程现场办公记录

施工单位：________________项目名称：________________

监理单位：________________编　　号：________________

<table>
<tr><td>工程名称</td><td colspan="2"></td><td>记录时间</td><td></td></tr>
<tr><td>工程部位</td><td colspan="2"></td><td>记录人</td><td></td></tr>
<tr><td colspan="5">记录内容：</td></tr>
<tr><td rowspan="4">现场参加人员签字</td><td>施工单位</td><td colspan="3">签字：</td></tr>
<tr><td>监理单位</td><td colspan="3">签字：</td></tr>
<tr><td>设计单位</td><td colspan="3">签字：</td></tr>
<tr><td>业主单位</td><td colspan="3">签字：</td></tr>
<tr><td colspan="2">行业主管部门</td><td colspan="3">签字：</td></tr>
</table>

附件 5：

乌梁素海流域山水林田湖草生态保护修复试点工程设计变更台账

序号	项目名称	变更分类	技术联系单编号	变更内容简述	变更建议书				变更报告单				工期	变更令号
					建议书编号	上报日期	批复日期	预估金额	报告单编号	上报日期	批复日期	批复金额		
					合　计				合　计					

注：1. 本表统计截止时间按每月 20 日；2. 本表交监理单位审核，并由监理单位汇总后在每月 20 日提交建设单位。

附件5

[illegible]

第四篇

招标采购及合同管理篇

乌梁素海流域山水林田湖草生态保护修复试点工程招标管理办法

WLSH1-PM02-TJEC-004

1　总则

1.1　编制依据

根据《中华人民共和国招标投标法》《中华人民共和国建筑法》《中华人民共和国招标投标法实施条例》及内蒙古自治区相关规定，结合乌梁素海流域山水林田湖草生态修复试点工程实际情况，制定本办法。

1.2　编制目的

为规范乌梁素海流域山水林田湖草生态修复试点工程的招标活动，择优遴选合作单位，以达到建设工期合理，确保工程质量，节约工程造价的目的。

1.3　适用范围

本管理办法试用于乌梁素海流域山水林田湖草生态保护修复试点工程建设项目各子项目的招标活动。

1.4　基本原则

招标活动遵循公开、公平、公正、诚信、科学、择优的原则。

2　招标方式

招标方式包括公开招标、邀请招标等两类。乌梁素海流域山水林田湖草生态保护修复试点工程主要采用公开招标的方式。

2.1 公开招标

按照国家和内蒙古自治区颁布的法律、法规及规定，以下三类项目必须实行公开招标：

1）国家重点项目和省、自治区、直辖市人民政府确定的地方重点项目（《招标投标法》第十一条）；

2）国有资金占控股或者主导地位的依法必须进行招标的项目（《招标投标法实施条例》第八条）；

3）其他法律法规规定必须进行公开招标的项目。

2.2 邀请招标

按照国家和内蒙古自治区颁布的法律、法规及规定，国有资金占控股或者主导地位的依法必须进行招标的项目，应当公开招标，但有下列情形之一的，可以邀请招标：

1）技术复杂、有特殊要求或者受自然环境限制，只有少量潜在投标人可供选择的；

2）采用公开招标方式的费用占项目合同金额的比例过大的。（该情形需由项目审批、核准部门在审批、核准时作出认定。）

3）涉及国家安全、国家秘密或者抢险救灾，适宜招标但是不宜公开招标的，可以邀请招标。

3 招标管理人员职责

- 负责拟定招标清单及计划，并明确工期、质量、安全文明施工、验收事项等各项技术要求。
- 负责整理工程及设计咨询类招标所需图纸资料、技术参数、技术要求及技术方案等，组织招标文件的编制。
- 负责从财务预算控制、法务风险控制等角度审核招标文件及合同。
- 负责组织工程、设计、咨询类投标单位的现场勘察、答疑。
- 负责组织对各类投标单位的考察及投标单位的遴选。
- 负责组织各类招标文件会审，开标、评标及定标结果的会签。
- 负责组织工程、设计、咨询类合同谈判。
- 负责供应商库建立、供应商入库、信息更新、状态维护等工作。

4　公开招标的程序和操作规则

4.1　公开招标准备工作

公开招标必须依法进行，并且应当在市或者旗、县、区统一的建设工程招标投标交易场所或国家允许的交易场所进行全过程招标投标活动。招标前的准备工作：

1）视招标项目情况决定是否通过投标人筛选方式确定潜在投标人或通过资格预审对潜在投标人进行资格审查，完成内部流程审批后方可对外发布公告。凡采用资格预审或投标人筛选的招标项目必须符合国家及内蒙古自治区相关规定。

2）编制招标文件、评标办法、准备招标相关的技术文件。

3）按规定在规定的网站、媒体上公开发布招标信息，按招标文件规定条件组织投标人报名。

4.2　招标流程

1）公开招标项目的招标答疑、开标、回标、评标、定标按相关法律法规要求执行。

2）招标完成后将中标通知书和未中标通知书发放给相关投标人。

4.3　合同签订

1）应当在中标通知书发出之日起 30 日内，按照招标文件和中标人的投标文件组织签订书面合同。

2）由于中标人原因导致在规定期限内合同无法签订的，应当及时采取措施。

5　邀请招标的程序和操作规则

5.1　邀请招标准备工作

1）拟采用邀请招标方式需报经相关行政审批主管部门批准。招标答疑、开标、回标、评标、定标按相关机构或部门要求执行。

2）从符合相应资格条件的供应商库中确定不少于 3 家的供应商参加投标，在通过内部流程审批后向其发出投标邀请书并提供招标文件。

5.2　招标答疑

举办招标答疑会，根据招标文件规定的时间、地点，按投标人提出的工程投标中的疑问，组织相关专业人员进行答疑、澄清和修改，并在规定的时间内，以书面形式通知所有投标人，澄清或修改的内容为招标文件的组成部分（即招标补充文件）。

5.3 开标

1）开标应在招标文件确定的提交投标文件截止时间的同一时间公开进行，必须在招标文件确定的地点公开进行。

2）开标由招标人或招标代理单位主持，邀请所有投标人参加。

3）开标时，由招标人或代理人、监管人检查投标文件的密封情况与完整性。投标人为法定代表人，必须携带本人身份证，法定代表人的委托代理人必须携带授权委托书和本人身份证，经确定无误后，当众拆封、宣读，开标过程应当记录并存档。

5.4 回标分析

开标以后，根据计价规范，商务标按需进行回标分析，主要内容为：

- 招标文件商务条款响应程度分析。
- 总价及各分部造价汇总分析。
- 主要分项及主要单价分析。
- 按照施工组织设计涉及的内容，主要措施费和其他项目汇总分析
- 主要的人工、材料、机械分析。
- 计算误差分析。
- 需要澄清、说明、补正等其他问题。

5.5 评标

在完成招标分析后进行评标：

1）依法组建评标委员会，由技术、经济等方面的专家及招标人的代表组成，根据工程规模大小，难易程度，成员人数为 5 人以上的单数，技术、经济等方面的专家评委不得少于三分之二，从本市建立的专家库中随机抽取选定，为保证评标过程的公正性，评委名单在评标前保密。

2）与投标人有利害关系的人不得进入相关项目评委，已经进入的应当调换。

3）可以要求投标人对投标文件中含义不明确的内容做必要的澄清或者说明，但不得超出投标文件的范围或者改变投标文件的实质性内容，并作出书面承诺。

4）评委会应当按照招标文件确定的评标标准和方法，进行评审和比较，完成评标后，做出评标报告，推荐合格的中标候选人或根据授权直接确定中标人。

5）评标委员会成员应当客观、公正地履行职责，遵守职业道德，并对评审意见承担责任。

5.6 定标

1）根据评标委员会的书面评标报告以及推荐的中标候选人上报建设单位审批后依法确定中标人。

2）定标记录应当完整、真实有效并妥善保存。

5.7 合同签订

合同签订同公开招标。

6 招标资料管理

招标过程资料，包括投标单位的考察报告、招标文件及修改（如有）、招标文件审批表、招标文件答疑、控制价、投标书、开标记录、图纸、投标期间往来函件、招标小组会议纪要等均需妥善保存，可供事后查阅。招标工作结束后，全套招标资料需进行归档并且形成电子文档备份。

7 附则

本办法如与法律、行政法规、国家有关部委及内蒙古自治区制定的规章或相关配套文件有冲突的，以上述法律、法规、规章及文件为准。

乌梁素海流域山水林田湖草生态保护修复试点工程询价管理办法

WLSH1-PM02-TJEC-005

1 总则

1.1 编制依据

- 《中华人民共和国政府采购法》。
- 《中华人民共和国政府采购法实施条例》。
- 《工程总承包合同》。
- 《乌梁素海流域山水林田湖草生态保护修复试点工程投资管理办法》。
- 国家、行业、省级颁布实行、试行、执行的相关法律法规、技术标准和规范等文件，并结合乌梁素海流域山水林田湖草生态保护修复试点工程建设项目的实际情况，制定本管理办法。

1.2 编制目的

根据EPC总承包单位合同要求，SPV公司负责的项目采用工程总承包模式进行建设，投资控制的模式是设计采用限额设计、施工图预算采用定额计价，预算中设备和材料的价格参考造价管理部门发布的信息价，对于没有信息价的设备和材料，根据《工程总承包合同》的相关约定，采用询价方式确定市场价。为了公开、公平、公正地确定部分设备和材料的市场价，全过程咨询单位经过调查研究，并根据相关文件，编制本管理办法。

1.3 适用范围

本管理办法试用于乌梁素海流域山水林田湖草生态保护修复试点工程建设项目各子项目的询价活动。

2　询价标的物范围及询价结果执行效力

- 询价标的物范围为试点工程中的没有信息参考价的设备和材料，有信息价的依据信息价进行预（结）算。
- 询价的结果经询价小组确认后作为工程预（结）算计价的依据。
- 经询价小组确认的询价结果作为衡量设备、材料质量的一个标准，承包人必须严格按照询价确定的设备、材料质量标准，在最高限价范围内选择供应商和品牌，并按照相应的监理规范要求进行报批。

3　询价方案

3.1　具体分工及职责

- 承包人：根据设计图纸及施工计划，提前一个月向发包人及全过程咨询单位提报拟市场询价的材料、设备清单，并可向询价小组推荐拟询价材料、设备供应商。
- 发包人及询价小组：根据相关资料及渠道甄选不少于 3 家合格供应商，对全过程咨询单位提交的询价报告进行评定，并确定相应的市场价格。
- 设计单位：根据设计要求确定设备、材料的技术规格及标准。
- 工程监理机构：审核承包人提交的待选设备、材料清单（含工程量）；复核承包人提交的待询价设备、材料技术规格及相关参数。
- 全过程咨询单位：负责询价工作的具体实施，如寻找、复核合格供应商、编制询价函、向合格供应商发函、收集报价回函、整理分析汇总回函文件、编制并向发包人及询价小组提交询价分析报告及报有关政府部门备案等日常工作。

3.2　询价方式

- 通过专业询价网站报价、邀请合格供应商洽谈报价、组织到合格供应商、专业厂家实地考察、谈判报价等方式。

3.3　询价采购程序

- 询价小组组成：询价小组由 SPV 公司、设计单位、工程监理机构、全过程咨询单位、承包单位等各单位代表共五人以上的单数组成，有关政府单位和部门作为监督机构进行全过程监督。
- 确定询价计划：承包人应按季度提交询价计划，并在设备、材料采购前一个月提交《材料（设备）技术核定单》（详见附件 3）报监理审批。

- 确定被询价的供应商名单：被询价的供应商由业主、询价小组通过各种渠道甄选6～8家。
- 询价：全过程咨询单位通过向各家合格供应商发出询价邀请、询价函、谈判等方式收集和整理各家报价，对报价进行全面分析，形成分析报告并报业主、询价小组审核。
- 价格确定：询价小组根据询价报告评定、确定设备和材料的合理市场价格。
- 询价确定价格的执行：询价小组确定的材料、设备市场价格由全过程咨询单位以价格确定单的形式下发给各承包单位执行。
- 签订设备、材料采购供应合同：由承包人与供应商签订经工程监理机构审核的采购合同（合同单价的最高限价：为询价小组最终确定的市场价）。

3.4 询价标的物预（结）算价的计价

- 询价确定的设备和材料的市场价，包括供应商出厂价、包装费、运杂费、装卸费、采购及保管费，增值税税额等运到工地指定地方的全部费用。设备和材料的预算合同价（询价确定的市场价+定额取费）按《工程总承包合同》有关约定执行。

3.5 询价确定价的评定办法

- 询价小组根据询价报告、考察报告等资料，按《中华人民共和国政府采购法实施条例》的相关规定，采用最低价评价法、综合评分法等评定办法进行评定。
- 其中综合评定法是指，按照去掉一个最高价和一个最低价后，剩余的报价按权重加权平均或权重一样时算术平均，这样得到的价格作为最终确定的价格。

4 其他

- 纪检监督。有关政府财政、审计等监督管理部门对询价项目的询价活动进行全过程监督，全过程咨询单位应当及时提供有关材料报监督部门备案。
- 分包供应商责任。承包人按照《工程总承包合同》的约定对发包人负责；设备、材料的供应商分包单位按照采购合同的约定对承包人负责，承包人和供应商就设备和材料对发包人承担连带责任。

附件

1. 重要设备和材料询价管理流程图
2. 设备、材料价格确定单
3. 材料（设备）技术核定单

附件 1：

乌梁素海流域山水林田湖草生态保护修复试点工程
重要设备和材料询价管理流程图

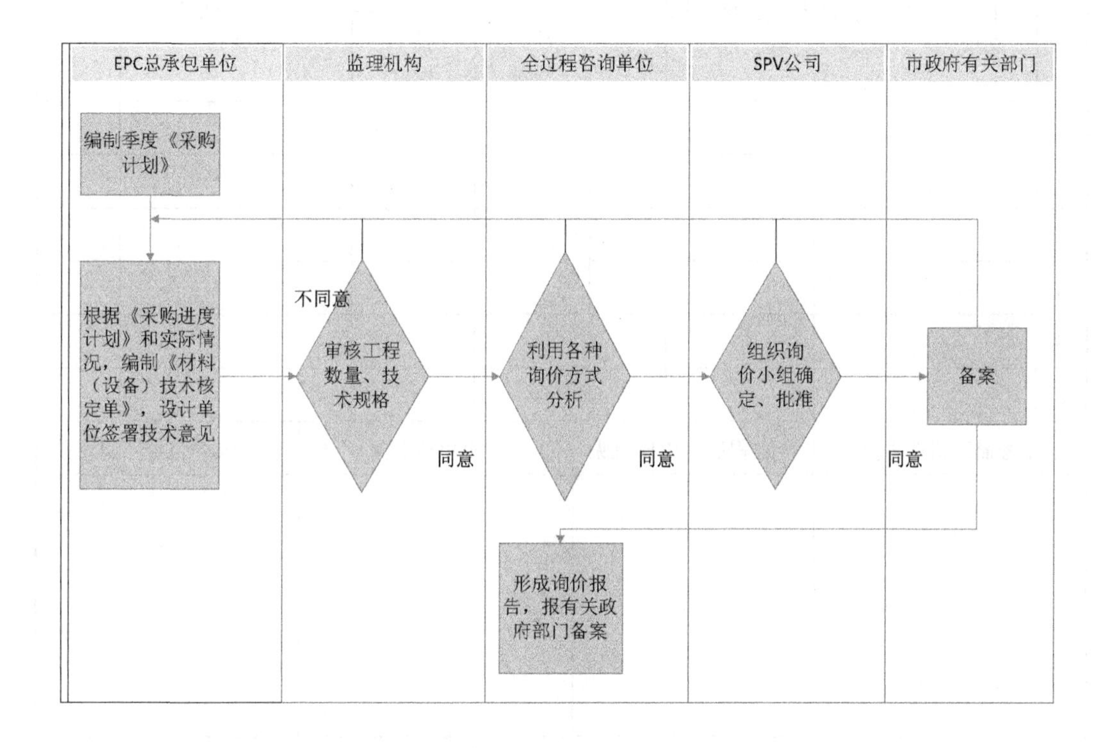

附件 2：

设备、材料价格确定单

项目名称：　　　　　　　　　　　　　　　　　　　　　　　　文件编号：

<table>
<tr><th rowspan="2">序号</th><th rowspan="2">工程名称</th><th rowspan="2">设备、材料名称</th><th rowspan="2">材料品牌、规格、型号</th><th rowspan="2">单位</th><th colspan="2">数量</th><th rowspan="2">询价确定单价（元）</th><th rowspan="2">备注</th></tr>
<tr><th>合同工程量</th><th>询价工程量</th></tr>
<tr><td>1</td><td></td><td></td><td></td><td></td><td></td><td></td><td></td><td></td></tr>
<tr><td>2</td><td></td><td></td><td></td><td></td><td></td><td></td><td></td><td></td></tr>
<tr><td>3</td><td></td><td></td><td></td><td></td><td></td><td></td><td></td><td></td></tr>
<tr><td>4</td><td></td><td></td><td></td><td></td><td></td><td></td><td></td><td></td></tr>
<tr><td>5</td><td></td><td></td><td></td><td></td><td></td><td></td><td></td><td></td></tr>
<tr><td>6</td><td></td><td></td><td></td><td></td><td></td><td></td><td></td><td></td></tr>
</table>

工程监理机构意见	全过程咨询单位意见	建设单位意见	有关政府监督部门意见

附件 3：

材料（设备）技术核定单

<table>
<tr><th>序号</th><th>工程名称</th><th>设备、材料名称</th><th>材料品牌、规格、型号</th><th>单位</th><th>工程量</th><th>进场时间</th><th>备注</th></tr>
<tr><td>1</td><td></td><td></td><td></td><td></td><td></td><td></td><td></td></tr>
<tr><td>2</td><td></td><td></td><td></td><td></td><td></td><td></td><td></td></tr>
<tr><td>3</td><td></td><td></td><td></td><td></td><td></td><td></td><td></td></tr>
<tr><td>4</td><td></td><td></td><td></td><td></td><td></td><td></td><td></td></tr>
<tr><td>5</td><td></td><td></td><td></td><td></td><td></td><td></td><td></td></tr>
<tr><td>6</td><td></td><td></td><td></td><td></td><td></td><td></td><td></td></tr>
<tr><td colspan="4">施工单位意见（签章）</td><td colspan="4">工程监理机构意见（签章）</td></tr>
<tr><td colspan="4">项目经理：　　　　签字时间：</td><td colspan="4">项目总监：　　　　签字时间：</td></tr>
</table>

乌梁素海流域山水林田湖草生态保护修复试点工程比价采购管理办法

WLSH1-PM02-TJEC-006

1 概述

乌梁素海流域山水林田湖草生态保护修复试点工程（以下简称“试点工程”）包含七大类35个子项，其中，内蒙古乌梁素海流域投资建设有限公司（以下简称“SPV公司”）负责实施26个子项。

为规范试点工程合同签订流程，合理推进试点工程实施进展，根据《必须招标的工程项目规定》（国家发展和改革委员会令 第16号）的规定，对合同额在100万元人民币以下的服务合同采取比价措施。为规范比价流程，根据相关法律法规与工程实际情况，特制定了本管理办法。

2 实施依据

- 《中华人民共和国招标投标法》。
- 《中华人民共和国招标投标法实施条例》。
- 《必须招标的工程项目规定》。
- 《中华人民共和国政府采购法》。
- 《中华人民共和国政府采购法实施条例》。

3 比价实施范围

本比价管理办法的实施范围为试点工程SPV公司负责实施26个子项目中合同额在100万元人民币以下的工程建设有关的服务合同。

本款中所称与工程建设有关的服务，是指为完成工程所需的勘察、设计、研究、评估、咨询等服务。

4 实施方案

- 具体分工及职责

（1）业主方：根据工程实际情况，确定需采购服务内容；根据相关资料及渠道甄选不少于 3 家合格供应商；最终确定拟采纳供应商。

（2）全过程咨询单位：负责比价工作的具体实施，如寻找、复核合格供应商、收集各供应商报价单、汇总整理分析报价文件、编制并向业主方提交比价报告。

- 比价程序

（1）确定需比价服务：业主方根据工程推进实际情况，确定需采购的服务内容，并将比价需求告知全过程咨询单位。

（2）确定供应商名单：供应商由业主方通过各种渠道甄选不少于 3 家。

（3）比价：各家供应商向业主方（SPV 公司）发出各自报价单，由全过程咨询单位对报价进行整理分析，形成比价分析报告并报送业主方。

（4）供应商的确定：业主方根据比价分析报告确定所需服务的供应商。

（5）签订服务合同：由业主方与供应商签订相应服务采购合同。

附件：比价分析报告（模板）

附件：比价分析报告（模板）

××××××××× 工程

×××××× 服务

比价分析报告

内蒙古乌梁素海流域投资建设有限公司

上海同济工程咨询有限公司

乌梁素海流域山水林田湖草生态保护修复试点工程项目管理部

年　　月　　日

1．比价时间：

2．报价单位：

3．报价情况：

报价单位	报价内容	报价金额（万元）	编制时间
报价单位一	内容一		
	内容二		
	总报价		
报价单位二	内容一		
	内容二		
	总报价		
报价单位二	内容一		
	内容二		
	总报价		

4．比价情况

5．比价结果

乌梁素海流域山水林田湖草生态保护修复试点工程合同管理办法

WLSH1-PM02-TJEC-007

1 总则

1.1 编制依据

乌梁素海流域山水林田湖草生态保护修复试点工程资料及管理规定。

1.2 编制目的

为加强合同管理，防范与控制合同风险，提高项目管理水平，维护建设单位的合法权益，根据《中华人民共和国合同法》等现行法律法规，制定本管理办法。

1.3 适用范围

本管理办法适用于乌梁素海流域山水林田湖草生态保护修复试点工程项目合同管理的相关工作。

2 合同管理办法

2.1 合同管理目标

通过综合性、全局性、高层次的合同管理，统一项目进度、质量、投资等控制系统目标，约束项目组织中各参与方的责任和权力，协调各参与方的分工协作和经济关系，解决项目实施中的问题争执，从而顺利地实现项目目标。

2.2 合同管理体系

在项目周期里，项目中各种类型的合同形成项目合同体系，根据项目性质不同，合同体系构成有所不同。项目合同体系通过合同关系整体反映了项目的形象，确定了整个项目管理的运作模式和项目组织形式。项目管理前期（项目建议书或可行性研究阶段），就需要根据项目目标系统情况，初步考虑项目合同体系构成和建设单位方的主要合同关系，是全局战略规划的一部分，在合同管理总体策划中，需进一步明确。

2.3 合同总体策划

1）项目合同总体策划的步骤

- 在对项目总目标论证与确定的基础上，将项目总目标分解成各子目标。
- 根据项目总体风险分析，罗列在合同管理中可能存在的风险，并考虑合同风险的分配。
- 考虑项目的合同结构体系及各合同范围，初步确立主要合同的形式和招标方式，选择恰当的合同文本，并对合同中的重要条款利用风险合理分配的原则做考虑；与此同时，进行项目的组织结构设计和合同管理成员职能分工，并进一步制定合理的合同管理程序。

2）项目合同总体策划的具体内容

- 目标分解情况。目标分解可通过项目建议书、可行性研究报告、全过程咨询单位对项目目标的论证及与建设单位进一步的沟通来确定各子目标。目标分解的层次和深度以总体策划的需要而定。
- 合同风险分析与风险分配。根据前期的项目风险识别与分析，对合同风险给项目可能造成的危害做进一步的分析，将这些风险因素适当量化并做比较排序。针对主要的合同风险，与工程特点、风险分配原则和历史经验相结合，列出风险分析与分配表，即项目各参与方对风险的承担范围和建设单位方采取的合同措施。
- 合同结构方案。合同结构方案确定了项目各参与方的合同关系和项目主要合同的数量，也侧面反映了各参与方的组织关系。不同的合同结构给工程可能带来的后果，需要结合自身项目的特点，从中挑选一个合理的合同结构方案（包括合同结构图），并给出采用该合同结构的原因。确立合同结构方案应从三方面考虑：建设单位的意愿、工程项目的特点和市场环境。
- 招标方式的确定。在明确合同结构的基础上，对需要招标确定的合同明确其招标方式。招标方式应考虑整体工程的特点，并且符合《中华人民共和国建筑法》《中华人民共和国合同法》《中华人民共和国招标投标法》及其他规章制度的规定。
- 明确合同计价形式。合同计价形式与确定合同范围一样，也是合同风险分配的有效形式，根据各合同形式的优缺点，结合项目规模、工期长短、项目的竞争情况、项目的复杂程度、项目单项工程的明确程度、项目准备状况、外部环境、合同特点等因素，明确哪种合同形式适合该合同，并且能够分析采取这种合同形式可能存在的合同风险。

- 合同文件选择和重要条款的确定。合同文件应从合同样式的选择和风险分配两方面考虑。选择合同样式时，应先考虑本国示范文本或国际通用文本。风险分配通过合同文本的具体条款来实现，在合同总体策划中，应确定合同中的重要条款。重要条款是指在风险分析之后，对那些影响项目目标较大的风险所需考虑如何分配的条款，这些条款将在日后的专用条款中重点体现。一般包括以下几个方面：适用合同关系的法律、合同争执解决程序等；付款方式；合同价格的调整条件、范围、调整方法；合同双方风险的分担；对承包商的激励措施；合同双方的合同实施控制权力；保证双方信用的相应合同措施。
- 合同管理组织与职能分工。合同管理组织是合同管理目标是否能够顺利实施的保证措施，应落实专业的人员。根据上述分析，画出合同管理组织结构图，并加以一定的说明。在明确合同管理组织的基础上，对组织成员进行职能分工，其间应充分了解建设单位内部的组织情况和其意愿。最后可以用职能分工表的形式来描述，便于建设单位理解。
- 合同管理工作程序安排。合同管理工作流程可以用流程图形式来表示，在确定工作流程前，尤其是涉及建设单位的利益或权利时，应充分与建设单位沟通，使编制出来的流程具有可操作性，避免闭门造车的现象发生。在安排工作程序的同时，还应对各流程加以时间限制，其时间需合理，确保工序能够在规定的时间内完成，并不影响后续工作。

3）项目合同管理组织

（1）合同管理组的成立。全过程咨询单位指定专人进行合同管理，以确保项目合同管理目标的实现。合同管理工程师受项目经理的直接领导，与其他工程师密切合作，通过项目信息管理渠道互相沟通，并对发生的合同事件进行计划、分析和控制。

（2）合同管理人员的主要任务：

- 参与项目管理目标系统论证和合同风险的分析，并在项目经理指导下独立完成合同总体策划。
- 参与招标工作，对招标流程、文件、合同草案等进行审查和分析。
- 参与各项合同谈判与合同的签订，并提出意见、建议或警告。
- 协同信息管理人员建立合同文件与信息编码体系，及时做好对合同信息和相关文件的收集、整理、归档等工作。
- 对项目各合同的履行情况进行汇总、分析，并对可能影响质量、进度、投资目标的合同事件作计划和控制，以便指导全过程咨询单位的工作。

- 协调各子项目或各参与方合同的实施。
- 及时预见和防止合同问题。
- 及时处理各合同签订方与建设单位的合同关系。
- 对合同索赔和争议进行分析、判断和处理，及时解决问题。
- 对合同进行后评价。

（3）合同管理人员的职能分工。合同管理组成立后，由项目经理根据项目的任务分解，与合同管理工程师一起将合同管理中的每一项任务进行职能分工（一般可分为计划、决策、执行、检查四种职能）。各职能必须落实到各成员身上，确保各阶段各项合同管理任务的完成。职能分工通过职能分工表来明确，并在各阶段进行调整。

2.4　合同谈判与订立

1）合同谈判原则

- 谈判前应做好充分准备，备足相关文件和资料，对谈判对方的情况应事先了解。
- 坚持权利与义务对等的原则。
- 坚持合同总体策划的风险分配原则，谨防对方风险转嫁。
- 适当使用对等让步的原则。
- 注意听对方的谈判内容，不急于表态，及时找出问题症结，以备进攻。
- 抓住实质问题，把握策划中的重要条款的谈判。
- 态度诚恳、发言稳重，适当采用“暂时休会”方式缓解僵局。
- 必须做好记录。

2）合同谈判内容

- 合同范围，包括工作范围、工作内容、工程量、与其他参与方的界面划分等。
- 合同双方的权力、责任和义务。
- 合同价格、计价形式及调整方式。
- 合同标的质量要求和验收方式和程序。
- 合同标的进度要求及与其他参与方的配合工作。
- 对工程变更和增减的规定。
- 违约责任和解决争端方式。

3）合同订立原则

- 必须符合建设单位的利益和项目目标。
- 当事人要有合法资格，并具有完成合同标的相应的资质条件，有履约能力。
- 订立合同必须遵守法律，符合国家政策法规的要求。
- 合同的内容、形式、程序、手续必须合法。

- 订立合同必须贯彻平等互利、协商一致、等价有偿的原则。
- 签订合同时，承办人员应取得法定代表人的授权委托书。
- 项目合同必须采用书面形式。

2.5 合同的履行和监督

- 合同生效后，涉及的相关部门和个人，必须全面、及时、切实履行合同。
- 任何人或部门发现合同对方不履行合同责任和义务时，应立即通告合同的经办人，合同经办人及时确认、分析，报告上级领导。
- 合同在履行过程中，涉及合同的实质性事项，必须采用书面形式进行联系、记录、存档。
- 加强合同履约过程的动态管理。全过程咨询单位按计划对合同履约情况进行定期和不定期检查。使项目的各个关键环节都处于受控状态。如果在某一环节出现问题，合同经办人必须会同全过程咨询单位各个职能部门协助和督促履约责任的部门和人员予以解决。

2.6 合同的变更与解除

- 合同履行期间涉及的合同变更，由合同经办人按照下图约定程序负责办理。
- 合同变更或解除之前，原合同按计划履行。

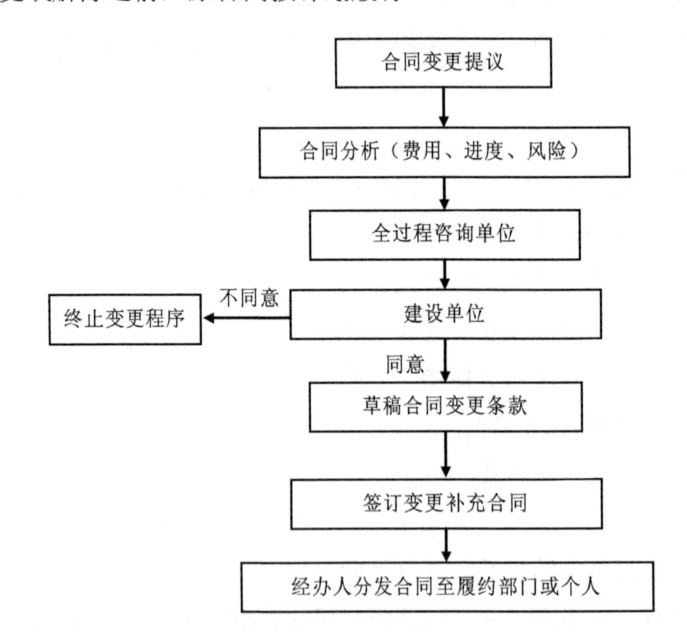

2.7　合同的保管

- 本工程所有合同原件存放全过程咨询单位档案部门保管，使用单位和个人使用复印件。
- 使用单位或个人需要借阅合同时，必须办理借阅手续。
- 合同档案存档期间，建立台账制度，包括经办人名单登记、合同履行情况、合同变更汇总、合同纠纷处理情况等。
- 合同在履行完成后，档案管理人员和合同经办人员对合同进行整理，进入工程档案保管。

第五篇

质量、进度、投资及现场管理篇

乌梁素海流域山水林田湖草生态保护修复试点工程质量管理办法

WLSH1-PM02-TJEC-008

1　总则

1.1　编制依据

本管理办法依据《中华人民共和国建筑法》《建设工程质量管理条例》（国务院令 第279号）、《关于做好房屋建筑和市政基础设施工程质量事故报告和调查处理工作的通知》（建质〔2010〕111号）、《工程建设施工企业质量管理规范》（GB/T 50430—2017）等法律、条例、规范以及内蒙古淖尔开源实业有限公司的相关管理制度编制。

1.2　编制目的

为加强、规范项目施工现场质量管理，切实保障项目施工质量，确保施工现场不发生质量事故，特制定本管理办法。

1.3　适用范围

- 本管理办法适用于乌梁素海流域山水林田湖草生态保护修复试点工程质量管理的相关工作。
- 乌梁素海流域山水林田湖草生态保护修复试点工程质量管理工作中，除应执行本管理办法外，还应执行工程质量管理方面的地方性法规、规定等。
- 施工企业应积极贯彻 ISO 9001 质量管理体系和《工程建设施工企业质量管理规范》（GB/T 50430—2017），努力实现企业质量管理工作的科学化。
- 乌梁素海流域山水林田湖草生态保护修复试点工程质量工作在执行本管理办法的过程中，总结经验，积累资料，并根据质量管理需要修订本管理办法。

2 质量管理体系

- 乌梁素海流域山水林田湖草生态保护修复试点工程各参建企业及施工项目均必须建立健全质量管理体系，并保持体系的有效运行。
- 质量管理体系主要由质量管理决策体系、质量保证体系、质量监督体系等组成。参建企业及施工项目应保证该体系有效运行，工程质量始终处于受控状态，并保证工序交验前处于合格状态。
- 参建企业及施工项目应建立健全各项质量管理制度，并保证各项管理制度得到落实。

3 质量管理职责

3.1 建设单位的质量管理职责

- 监督、指导各级参建单位建立质量管理体系，督促参建单位建立质量文件管理制度。
- 组织设计交底，参加施工图图纸会审。
- 参加、指导施工现场定期、不定期召开的质量管理工作会议。
- 对现场各类签证单、技术核定单的审核会签。
- 参加工程施工中设计方案修改的论证工作。
- 审阅参建单位的每月质量报告。
- 确认、批准设计图纸及设计变更、方案。
- 配合、协调和参与审计、纪检、质量安全部门对施工质量管理的检查、指导。

3.2 全过程咨询单位（项目管理部）的管理职责

- 协助组织、督促施工现场质量管理工作。
- 督促施工、工程监理机构建立质量管理体系、落实人员配备情况，督促参建单位建立质量文件管理制度。
- 负责建设工地的总平面管理、各地块之间的边界管理，协调地块内各参建单位之间的接口管理。
- 协助组织图纸会审和设计交底。
- 组织审核施工组织设计方案及危险性较大的分部分项工程专项施工方案。
- 组织、协调召开质量工作会议。
- 编制每月工程施工质量管理工作报告和工作计划。

- 督促工程监理机构在建造过程中同步进行原材料检测、施工质量检测、工序验收。
- 督促工程监理机构监督 EPC 总承包单位实施整改。
- 组织各参建单位编制工程质量事故应急预案，组织应对突发事件。
- 协助组织对工程技术变更单、工程设计变更单、工程量清单变更单的审核，并签字。
- 参与工程监理机构组织的定期工程例会。
- 参与、协助组织工程施工中设计方案修改的论证工作。
- 协助确认、批准设计图纸及设计变更、方案。
- 协助组织处理施工过程中的工程质量事故。
- 配合审计、纪检监察部门的监督工作。
- 完成建设单位交办的其他相关工作。

3.3　工程监理机构的管理职责

- 负责施工现场的质量监督、检查和日常质量管理工作。
- 负责施工过程中同步进行原材料检测、施工质量检测、工序验收等。
- 负责建立工程监理机构质量管理体系、落实人员配备情况，建立质量文件管理制度。
- 监督、指导 EPC 总承包单位建立质量管理体系、落实人员配备情况，督促建立质量文件管理制度。
- 协助配合建设工地的总平面管理、各地块之间的边界管理、地块内各参建单位之间的接口管理。
- 参加施工图图纸会审及设计交底。
- 审核、批准施工组织设计及专项施工方案。
- 组织召开质量工作会议。
- 检查和落实质量问题的整改。
- 协助、参与对现场各类签证单、技术变更单的审核会签。
- 参与工程施工中设计方案修改的论证工作。
- 协助确认、批准设计变更、方案。
- 定期编制每月工程施工质量管理工作报告。
- 协助处理施工过程中的工程质量事故。
- 配合审计、纪检监察部门的监督工作。
- 完成建设单位交办的其他相关工作。

3.4 EPC 总承包单位的职责

- 建立健全质量管理体系，对工程质量形成的全过程及其所有质量活动制定有针对性的措施并持续改进，合理配置资源，保证质量体系的有效运行。
- 根据项目质量目标，编制质量目标实施计划和具体实施措施。
- 贯彻国家计量法规，组织做好测量和复核工作，确保试验、测量设备满足预期使用要求，测量数据准确可靠。
- 编写施工组织设计、各专项施工方案，制定质量保证措施，确保工程质量。
- 根据岗位质量责任制，对管理人员及作业人员进行培训、交底、检查、考核和奖惩。
- 接受质量监督机构、建设单位、工程监理机构和全过程咨询单位（项目管理部）对质量工作的检查、指导和监督。
- 落实“三检”，自觉接受工程监理机构进行工程质量检查和质量验收，对关键工序和所有隐蔽工程加强自检频率，合格后，报工程监理机构检查确认。
- 参加图纸会审和设计交底，认真研究设计图纸，解决图纸中存在的问题。
- 积极配合建设单位和工程监理机构的质量检查和检测工作。
- 对潜在的质量隐患问题及时制定预防措施，积极整改，落实责任，以便及时消除质量隐患问题和杜绝质量事故发生。
- 杜绝不合格材料进场，认真做好材料等物资的采购、贮存防护、发放和使用工作。材料进场前做好样品确认，及时赶写封样计划表和材料进场计划表并持续更新。
- 特殊工种必须持证上岗。
- 及时收集、整理施工原始记录、质量检查记录，并分类妥善保管，应确保真实、准确、齐全。
- 加强施工过程中的技术控制、指导，落实原材料、半成品和成品保护工作。
- 按照工程签证程序和《施工现场监督管理协议》，做好技术变更和签证工作，确保相关信息客观真实。
- 参与工程施工中设计方案修改的论证工作。
- 选择和配置本项目适用的各类生产设备，做好设备技术状态签订和维护保养。
- 科学组织施工，做好分包质量管理工作。
- 将工程质量事故及时上报给建设单位，做好应急响应和调查、处理工作。
- 定期编制和汇报每月工程施工质量管理工作。
- 落实《目视化管理标准》。
- 其他质量管理工作。

4 质量管理工作的实施部门

乌梁素海流域山水林田湖草生态保护修复试点工程质量管理工作的实施部门为工程监理机构，管控部门为建设单位，由全过程咨询单位（项目管理部）进行协助管控、督促、检查、指导、评比。

5 质量管理流程及制度

5.1 总平面协调管理

- 在项目施工准备阶段，全过程咨询单位（项目管理部）应协助建设单位就整个项目中各单位工程的区域划分及施工道路进行总体规划，规划成果作为总平面协调管理的依据。
- 在 EPC 总承包单位或其他项目参与方进场前，全过程咨询单位（项目管理部）应与 EPC 总承包单位或其他项目参与方明确施工及临时设施场地、施工道路的使用权限和维护责任，按 EPC 总承包单位进场管理表进行各项交底、培训、文件签署等工作。
- 全过程咨询单位（项目管理部）、工程监理机构应监督检查相关单位对施工道路的维护情况、施工及临时设施场地内的文明施工情况。如相关单位违反协议规定，应按《施工现场监督管理协议》、管理办法等对其进行处罚。
- EPC 总承包单位或其他项目参与方需要跨越权限使用道路或场地时，必须提前向全过程咨询单位（项目管理部）提出申请，由全过程咨询单位（项目管理部）统一调整、协调后方可使用。
- 在施工阶段，全过程咨询单位（项目管理部）协助建设单位对 EPC 总承包单位进场作出地域上的统一规划和调整，进度计划上予以合理安排，并督促各地块 EPC 总承包单位予以协调管理和实施配合。

5.2 质量目标体系审查流程及制度

- 在施工准备阶段，全过程咨询单位（项目管理部）协助建设单位组织 EPC 总承包单位、工程监理机构召开设计交底及图纸会审会议，督促 EPC 总承包单位掌握工程特点、设计意图和关键部位的质量要求，及时发现图纸存在的问题和矛盾，提出解决意见。
- 全过程咨询单位（项目管理部）全程参与图纸会审和设计交底工作，工程监理机构对图纸会审工作做好全程记录，图纸会审必须形成图纸审查与修改意向。如有必要，EPC总承包单位还要进行图纸交底要点编制，由各参建单位签字确认。图纸交底后形成的成果副本分发至各参建单位，作为质量管理的依据。

- 在施工准备阶段，工程监理机构对EPC总承包单位提交的施工组织设计、分部分项工程施工方案以及重大的专项施工方案等进行审查。尤其对施工方案中施工程序的安排、流水的划分、主要项目的施工方法、施工机械的选择以及保证质量、安全施工、冬季和雨季施工、节能节水节材措施应用、环保卫生和污染防治等方面的预控方法和有针对性的技术组织措施等必须进行评估，不符合要求的应要求EPC总承包单位修改，审批通过后的施工组织设计提交全过程咨询单位（项目管理部）、建设单位核准。经核准的施工组织设计备案作为质量管理的依据。
- 在施工准备阶段，EPC总承包单位应编制检验批验收方案提交工程监理机构审批。工程监理机构应做好检验批验收方案审批工作，明确检验批验收的范围及验收技术标准等内容，全过程咨询单位（项目管理部）加强督促。检验批验收方案审批通过后，作为质量监督管理的依据。
- 工程施工阶段，工程监理根据EPC总承包单位的工程材料、设备进场计划安排，制定工程材料、设备进场验收工作计划。工作计划确定后需报全过程咨询单位（项目管理部）存档，以便不定期抽查现场材料进场的验收工作，督促工程监理对所有进场材料、设备依照国家相关规范和标准进行验收。工程监理应对验收合格的材料和设备做标示，建立进场材料、设备验收台账。材料、设备验收不合格，应限期离场，不得使用，并通报全过程咨询单位（项目管理部）。
- 全过程咨询单位（项目管理部）应不定期抽查施工现场采用的材料、设备是否经过进场验收，是否按要求验收，如有违规，应立即要求工程监理机构督促EPC总承包单位整改。
- EPC总承包单位若将总包的工程项目进行分包，经建设单位同意后，应首先对分包商的资质进行审查。工程监理机构应对承包商的审查结果进行核实，核实无误后签署审核意见提交全过程咨询单位（项目管理部），全过程咨询单位（项目管理部）通过后，经建设单位核准，EPC总承包单位才能将总包的工程进行分包。
- 全过程咨询单位（项目管理部）、工程监理机构在工作中一旦发现质量隐患或缺陷，应立即下达整改通知单，责令限期整改并回复，直至整改闭合。工程监理机构监督整改，并根据《质量奖罚管理办法》视情节给予罚款，存在影响结构安全、使用功能的质量隐患，工程监理机构经建设单位同意后下达停工令。

5.3 质量验收流程及制度

- EPC总承包单位在完成检验批验收工作并自检合格后向工程监理机构提交检验

批验收申请，工程监理机构收到检验批验收申请后开展验收工作；全过程咨询单位（项目管理部）应不定期抽查EPC总承包单位“检验批”的施工情况。

- EPC总承包单位在完成分项工程工作并自检合格后向工程监理机构提交分项工程验收申请，工程监理机构收到分项工程验收申请后开展验收工作；全过程咨询单位（项目管理部）应不定期抽查分项工程的施工质量。
- EPC总承包单位在完成分部工程工作并自检合格后向工程监理机构提交分部工程验收申请。工程监理机构收到分部工程验收申请后通知EPC总承包单位、全过程咨询单位（项目管理部）、建设单位共同验收。
- EPC总承包单位在完成单位工程并自检合格后向工程监理机构提交单位工程验收申请，工程监理机构应组织初验，初验合格后，提交工程质量评估报告，上报全过程咨询单位（项目管理部）和建设单位。全过程咨询单位（项目管理部）协助建设单位上报质量监督验收申请，获得批准后由建设单位组织工程监理机构、EPC总承包单位并报质量监督站进行验收。全过程咨询单位（项目管理部）确认后的单位工程验收报告各方均保留备案，作为单位工程验收合格的凭证。
- EPC总承包单位在隐蔽工程验收前应先行自检，自检合格后填写隐蔽工程验收资料，再通知工程监理机构专业监理工程师进行隐蔽工程的验收，验收合格后由监理工程师和建设单位代表现场签字确认后，方可进入下一道工序的施工。全过程咨询单位（项目管理部）现场专业工程师参与隐蔽工程的验收并不定期地检查隐蔽工程的施工质量。
- 乌梁素海流域山水林田湖草生态保护修复试点工程中间验收、竣工预验收、竣工验收除满足《建筑工程施工质量验收统一标准》(GB 50300—2013)、《水利水电工程施工质量检验与评定规程》(SL 176—2007) 等质量验收标准外，尚应满足招标文件和设计要求。

5.4 一般质量缺陷问题处理流程

- 当发现现场施工质量存在缺陷、质量隐患或问题时，EPC总承包单位应暂缓施工。
- 工程监理机构组织有关单位到现场调查确认事故性质，属于重大质量事故的报全过程咨询单位（项目管理部）、建设单位按重大质量事故处理流程处理，属于一般质量缺陷的提出整改要求。
- EPC总承包单位按照要求提出整改措施，工程监理机构审核EPC总承包单位提出的整改措施同意后报全过程咨询单位（项目管理部）审批、备案。
- EPC总承包单位按照批准的整改方案实施整改措施，工程监理机构监督检查整改。
- 整改完成后工程监理机构应进行复验合格后，施工进入下一道工序。全过程咨询单位（项目管理部）追踪整改措施执行情况，并抽查闭合。

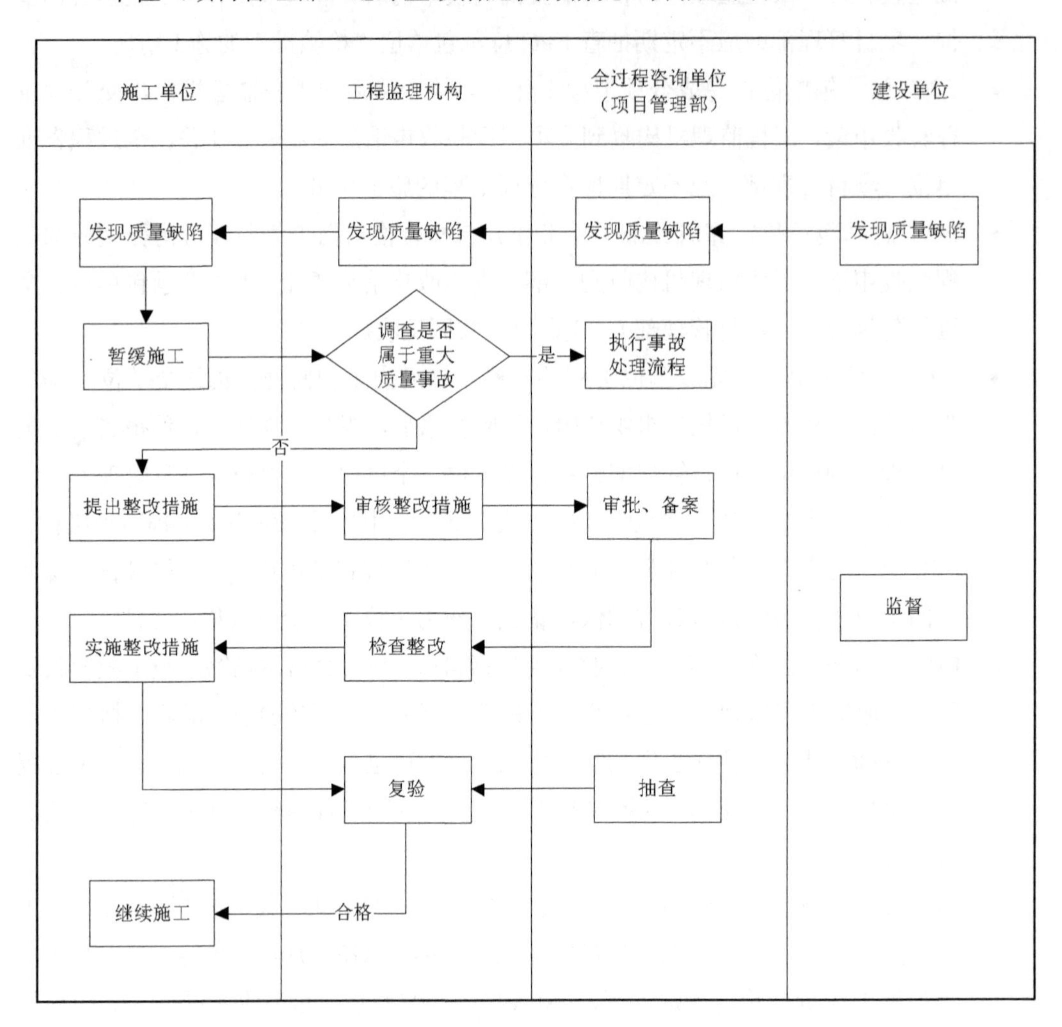

图 1　一般质量缺陷问题处理流程

5.5　重大质量事故应急处理流程

- 当现场发生重大质量事故时，EPC 总承包单位应立即采取措施抢救人员和财产，保护现场，防止事态扩大，同时开展事故调查和处理。在发生重大质量事故后，EPC 总承包单位应立即通知建设单位，由建设单位在 24 小时内上报主管部门。
- 事故应急处理小组根据具体情况组建，一般由建设单位指挥。
- 其他应急处理流程按照事故应急处理小组意见执行，各单位积极配合和落实措施。

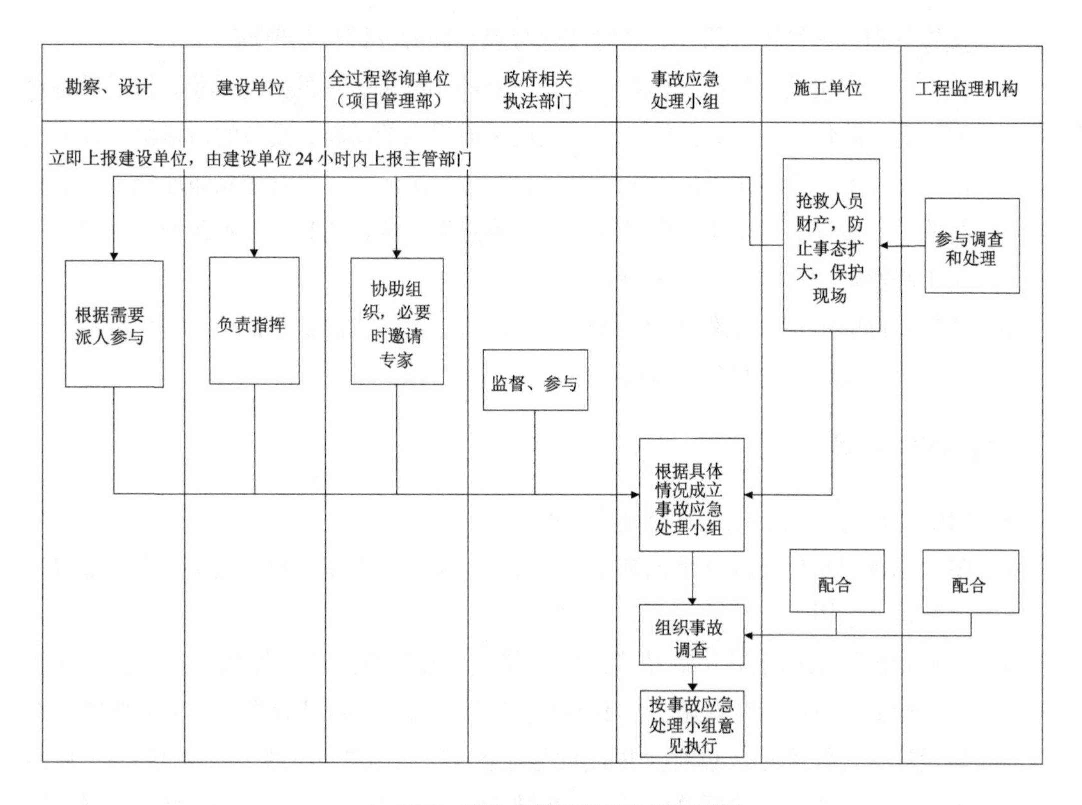

图 2 重大质量事故应急处理流程

6 总包、分包质量管理

- 施工企业所选择的分包方除具备相应的企业资质等级外，还应在其承担项目的所在地登记注册。
- 施工企业在与分包方签订分包合同时，应单独签订工程质量专项协议，进一步明确其承担工程的质量标准、质量过程管理、竣工后的保修与服务及质量事故调查处理等各方面总包、分包双方的权利、责任与义务。
- 乌梁素海流域山水林田湖草生态保护修复试点工程将依据分包合同和质量专项协议开展总包、分包管理策划，总包应将分包方的质量管理纳入总包的质量管理体系，满足质量管理要求。
- 总包单位必须严格控制分包方的技术管理工作，对分包方编制的施工技术文件进行审核、审批，保证其满足工程既定的质量目标的需要。
- 总包单位专业工程师、质量工程师应参加分包方对其作业班组的技术交底，监督其技术措施、质量标准等交底到位。
- 分包方人员不服从总包管理人员或监理人员的管理，施工质量粗糙的，按照质量奖罚管理办法给予处罚，必要时解除分包合同并立即清除现场。

- 建设单位直接发包且与总包单位无任何合约和经济关系的分包单位、材料设备供应商等，总包单位应对其施工的工程质量或提供的材料、设备的质量给予高度关注，当发现工程存在质量隐患或材料、设备存在质量缺陷时应立即通报工程监理机构、全过程咨询单位（项目管理部）或建设单位，使其及时消除质量隐患，避免工程整体质量受到重大影响。
- 分包单位应服从《乌梁素海流域山水林田湖草生态保护修复试点工程质量管理办法》，总包单位承担管理责任。

7 质量技术管理

- EPC 总承包单位应建立三级交底制度。
- EPC 总承包单位应高度重视施工图设计文件交底、会审工作，确保全面、准确地理解设计意图。
- 乌梁素海流域山水林田湖草生态保护修复试点工程应严格按照经过审批的施工图设计文件及设计变更施工，不得擅自修改设计。当设计存在问题或确实需要对原设计进行修改时，必须以书面形式向全过程咨询单位（项目管理部）、工程监理机构提出并报请建设单位同意，由建设单位向 EPC 总承包单位提出设计修改，经 EPC 总承包单位同意并出图后按程序方可施工。
- EPC 总承包单位应按乌梁素海流域山水林田湖草生态保护修复试点工程有关规定和国家、地方法规条例建立项目施工资料编制管理体系，明确岗位职责，确保施工资料的编制质量。
- EPC 总承包单位应建立完善的材料、成品、半成品及设备进场检验制度。
- EPC 总承包单位应以工作质量保证工序质量，以工序质量保证检验批质量，以检验批质量保证分项工程质量，以分项工程质量保证分部工程质量，以分部工程质量保证项目的整体工程质量。
- EPC 总承包单位应切实做好计量管理工作，并制定相应的管理制度。
- EPC 总承包单位必须对进场材料、设备的质量进行有效控制，工程监理机构做好进场材料的验收和见证取样工作。
- EPC 总承包单位应做好施工过程的检验与试验工作。
- EPC 总承包单位应做好成品保护工作，并将其纳入项目质量管理制度中。
- EPC 总承包单位应加强技术交底和质量措施落实，做好自检工作。
- EPC 总承包单位加强质量隐患管理，对质量隐患及时整改，及时申请复验。
- 其他未尽质量技术管理。

8　奖励与处罚

本管理办法将配套《施工现场质量、安全文明奖罚管理办法》使用，并按照办法执行奖励和处罚。

乌梁素海流域山水林田湖草生态保护修复试点工程进度管理办法

WLSH1-PM02-TJEC-009

1 总则

1.1 编制依据

- 《乌梁素海流域山水林田湖草生态保护修复试点工程实施方案》。
- 巴彦淖尔市政府、内蒙古淖尔开源实业有限公司（以下简称“淖尔公司”）及内蒙古乌梁素海流域投资建设有限公司（以下简称“SPV 公司”）对试点工程工作的实施计划要求。
- 《建设项目工程总承包合同》。
- 全过程咨询单位的项目管理办法。
- 其他有关协议、规定。

1.2 编制目的

- 为有效控制乌梁素海流域山水林田湖草生态保护修复试点工程（以下简称“试点工程”）进度，使工程建设全面、有序、均衡地开展，保证试点工程于 2020 年 12 月 31 日顺利完工并通过国家三部委验收，依据《建设项目工程总承包合同》，巴彦淖尔市政府要求，以及淖尔公司和 SPV 公司的统一部署，制定本管理办法。

1.3 适用范围

- 本管理办法适用于试点工程项目进度管理的相关工作。
- 凡参与试点工程项目建设的 EPC 总承包单位必须按本管理办法加强进度控制，建立完善的进度控制体系，明确管理岗位责任制，采用科学的管理方法严格控制影响工程进度的人、材料、机械、方法和环境等因素，对建设活动全过程实施严格的进度控制，确保各项工程按已提交审批的进度计划完工。

1.4 各方管理职责

1）建设单位管理职责

- 编制项目总进度计划（一级计划）。
- 审阅、批准项目施工总进度计划（二级计划）。
- 监督、指导全过程咨询单位对进度工作的监控和推进，保证进度计划各重大节点按时完成。
- 组织、协调单独发包的材料、设备按照需求计划进场。
- 审阅、批准项目群竣工验收总进度节点计划。
- 配合审计、纪检监察部门的监督工作。

2）全过程咨询单位（项目管理部）管理职责

- 协助起草、编制项目群施工总进度节点计划。
- 负责项目各单项工程总进度计划之间的协调、管理。
- 负责审核 EPC 总承包单位提交的设计进度计划。
- 组织、督促 EPC 总承包单位编制建设单位单独发包材料、设备总需求计划。
- 审核 EPC 总承包单位提供的施工进度计划。
- 督促 EPC 总承包单位施工阶段的进度和计划管理，确保工程进度按计划进行。
- 负责设计、采购、施工进度计划实施信息的收集、统计。
- 配合索赔、反索赔工作中涉及工期的论证。
- 配合招标采购、合同谈判中涉及工期（进度）的相关条款的制定、协商。
- 协助制定项目群竣工验收总进度节点计划。
- 配合审计、纪检监察部门的监督工作。
- 完成建设单位交办的其他相关工作。

3）全过程咨询单位（工程监理机构）管理职责

- 配合起草、编制项目群施工总进度节点计划。
- 配合项目各单项工程总进度计划之间的协调、管理。
- 配合编制建设单位单独发包材料、设备总需求计划。
- 负责审查 EPC 总承包单位提供的施工进度计划，必须符合建设单位的总控计划。
- 对项目进度计划实施监督、检查、汇报。协助并参与进度管理专题会议，提出纠偏措施建议，并督促纠偏措施的实施。
- 配合索赔、反索赔工作中涉及工期的论证工作。
- 配合制定项目群竣工验收总进度节点计划。

- 配合审计、纪检监察部门的监督工作。
- 完成建设单位交办的其他相关工作。

4）EPC 总承包单位职责

- 编制承包项目施工总进度计划（二级计划）。
- 向全过程咨询单位申报总进度计划，并按照全过程咨询单位（工程监理机构）要求修改、调整计划。
- 经批准后，执行施工总进度计划。
- 编制建设单位单独发包材料、设备进场计划，并报全过程咨询单位（工程监理机构）审核。
- 针对进度滞后，提出纠偏措施，按照全过程咨询单位（工程监理机构）审核的措施执行。

2 进度管理办法

2.1 进度计划分级管理

1）进度计划分为三级，包括：

- 一级进度计划——工程建设里程碑计划/总进度计划。
- 二级进度计划——设计进度、招标采购及建设单位单独发包材料进度和施工总进度计划等。
- 三级进度计划——EPC 总承包单位双周计划、施工主材进场计划等。

2）里程碑计划，具有不可动摇的最高优先级，并对其下级子计划具有控制和推动作用。

3）二级计划由各参建单位负责编制、申报、修改。当二级计划超出了一级计划的控制节点或里程碑，则应由一级计划制定者最终审批同意。

4）三级计划由 EPC 总承包单位编制、修改、颁布，但不得违背二级计划甚至一级计划的要求。一旦三级计划影响二级计划，EPC 总承包单位应及时更新二级计划，如果影响了一级计划，则必须由一级计划编制人批准。

2.2 一级进度计划管理

1）一级计划由建设单位负责制定、修改、批准、颁布。

2）EPC 总承包单位依据里程碑计划编制各自相关工作的总进度计划。各专业总进度计划应符合总进度里程碑计划的节点要求，由全过程咨询单位（工程监理机构）审核后报送全过程咨询单位（项目管理部）和建设单位审批。

3）全过程咨询单位负责总进度里程碑计划和各专业总进度计划的监督、监控，进行定期系统的检查。偏离进度计划的单位应根据里程碑计划的总体要求，提出纠偏措施、调整进度计划，并报送全过程咨询单位和建设单位评价对里程碑计划的影响。重大的进度调整须经建设单位批准后下发各单位执行。

4）若由于建设单位的主动调整或工艺改变等原因，导致原定进度计划无法按期实施，全过程应协助建设单位及时提出调整，修正原定的里程碑计划。

2.3 二级进度计划管理

本项目二级计划管理（施工、设计进度、招标采购计划管理）的管控部门为建设单位，由全过程咨询单位协助监督。

1）设计进度管理

- 设计进度管理的主要内容是向EPC总承包单位提供设计相关资料，为EPC总承包单位按进度计划提供设计成果创造条件，及时对EPC总承包单位提交的中间成果予以确认，保证EPC总承包单位按期提供设计成果。
- 在设计准备阶段，建设单位应尽早开展资料收集和调查工作，收集的资料信息应交全过程咨询单位（项目管理部）编制设计任务书。
- 建设单位在收到设计任务书后，可组织使用部门、责任部门及有关专家对设计任务书进行专家评审，确认设计任务书中的各项内容，将评审结果形成评审意见，全过程咨询单位协助评审的组织工作。
- EPC总承包单位应根据设计任务书编制设计总进度计划，并向建设单位和全过程咨询单位（项目管理部）提交设计进度计划。
- 全过程咨询单位（项目管理部）在设计进行过程中，跟踪设计进度，及时组织确认阶段性设计成果及其他配合工作。
- 设计出图后，由全过程咨询单位（项目管理部）协助建设单位组织相关部门对图纸进行内部评审，确保设计成果的功能满足需要，内部评审后将设计修改建议发EPC总承包单位修改。
- 由全过程咨询单位（项目管理部）协助建设单位及时组织有资质的审图单位对设计成果进行审核，审核意见发EPC总承包单位修改后正式出图。

2）建设单位招标采购进度管理

- 建设单位招标采购进度管理的主要内容是根据建设总进度计划及设计进度计划合理安排招标采购工作，确定各项招标采购工作需要的时间以及材料设备的生产供货周期、运输时间等，编制招标采购工作进度计划。根据施工进度计划等，安排单独发包材料的供应计划，确保建设单位单独发包材料的供应能够满足施工进度的需要。

- 项目准备阶段，建设单位负责确定发包工程的标段划分及技术任务书编制，全过程咨询单位（项目管理部）制定项目总计划。
- 招标采购部门根据上述要求进行招标采购的策划，并编制招标采购进度计划。
- 在EPC总承包单位合同外需建设单位单独发包设备、材料采购项目，由建设单位负责、全过程咨询单位（项目管理部）协助制定满足EPC总承包单位需求的采购计划。单独发包设备、材料采购供货工作，由招标采购部门组织实施。招标采购工作结束后，全过程咨询单位（项目管理部）应及时收集整理建设单位发包工程、设备、材料招标阶段的资料文件，为EPC总承包单位进场以及建设单位和全过程咨询单位（项目管理部）对设备、材料的进场验收做准备。

3）施工总进度管理

- 施工进度管理的主要内容是根据建设总进度计划审核EPC总承包单位编制的施工总进度计划，并跟踪施工进度计划的执行情况，定期汇报施工进度，对施工进度计划的调整进行控制和审批以及进度计划执行过程中建设单位需提供的各项配合工作。
- 施工计划制定阶段，EPC总承包单位应编制施工总进度计划提交全过程咨询单位（工程监理机构）审查、全过程咨询单位（项目管理部）审核、建设单位批准。施工进度计划应与项目里程碑计划相一致，并明确各EPC总承包单位施工进度计划之间是否存在矛盾或者需要协调的问题等，审批通过后的施工进度计划即成为进度管理的依据。
- 在工程实施阶段，EPC总承包单位应根据施工总进度计划编制月施工进度计划，由全过程咨询单位（工程监理机构）审核、全过程咨询单位（项目管理部）批准，并报建设单位备案，作为当月施工进度管理的依据。在每月月末，编制下月施工进度计划，每月编制，每月审批。
- 全过程咨询单位对施工月进度计划的执行情况进行检查，并将检查情况报建设单位。
- 全过程咨询单位负责施工进度管理，检查施工总进度计划的执行情况。如施工总进度计划执行过程中出现偏差，应立即向EPC总承包单位书面提出纠偏要求，由全过程咨询单位（工程监理机构）督促EPC总承包单位制定并执行纠偏方案。纠偏方案连同调整过的施工月进度计划报监理单位审核、项目管理公司批准。对有重大影响的节点或事件还应报建设单位核准后方可执行。
- EPC总承包单位应依据批准后的纠偏措施和计划执行，全过程咨询单位（工程监理机构）负责检查，全过程咨询单位（项目管理部）负责监督。

2.4 三级进度计划管理

本项目三级计划管理（EPC 总承包单位周计划、施工主材进场计划）的管控部门为 EPC 总承包单位，由全过程咨询单位（工程监理机构）监督实施。

2.5 考核奖惩

工程进度管理由全过程咨询单位负责考核，考核奖惩周期为按月考核，全过程咨询单位（项目管理部和工程监理机构）每周组织一次施工进度大检查，每月对 EPC 总承包单位的进度执行及落实情况进行考核，并将考核结果如实通报各 EPC 总承包单位，为项目考核经济奖罚提供基础数据。

1）惩罚考核机制

- 根据批复的子项目设计进度计划，因 EPC 总承包单位（设计单位）原因延误而影响子项目评审和出图的，每延误 1 天，按 1 万元/日进行罚款。
- 在工程项目施工进度管理中，由于客观外部因素、施工条件变化、设计变更等原因，造成工程项目施工进度滞后，EPC 总承包单位（施工单位）项目经理部应及时以书面报告形式向建设单位、全过程咨询单位（项目管理部及工程监理机构）进行汇报；同时采取积极赶工措施进行施工进度滞后的纠偏工作，确保总工期目标不变。否则，全过程咨询单位将根据进度滞后的严重程度及项目施工实际情况，进行处罚。
- 在工程项目施工进度管理中，EPC 总承包单位（施工单位）因内部管理组织不力、各项措施不完善以及现场生产、安全人员不到位的现象处每次 0.5 万～3 万元的罚款。
- 项目负责人、设计负责人、施工负责人、安全员等人员在合同履行期间必须常驻现场，每月不少于 20 天、每日不少于 8 小时，由全过程咨询单位（项目管理部）负责考核，如人员在岗率不满足合同要求的处 2 万元罚款，在岗率不足 80%的处 4 万元罚款，在岗率不足 60%的处 6 万元罚款，如 EPC 总承包单位项目负责人连续两次月出勤率不满足要求，发包人和全过程咨询单位有权要求更换项目负责人。
- 项目负责人、设计负责人、施工负责人如不参加工程调度会、监理例会、专题会议的处每次 0.5 万～1 万元/人次的罚款，如不参加政府或建设单位组织的调研或视察工作的处 2 万～5 万元/人次罚款。
- 项目负责人、设计负责人、施工负责人如需离开现场超过 1 日，应事先书面征得全过程咨询单位分部经理同意，否则，每次处 1 万元/日的罚款；离开现场超过 2

日，应事先书面征得全过程咨询单位项目经理的同意，否则，每次处2万元/日的罚款；离开现场超过3日，应事先书面征得SPV公司总经理的同意，否则，每次处3万元/日的罚款。

- 相关进度计划及资料未能按要求时间报送至全过程咨询单位（项目管理部和工程监理机构）的，每延期一天进行0.5万元罚款。
- 项目施工进度按照进度滞后预警等级划分，在子项目实施工程中（子项目竣工前），监控表中出现蓝灯和黄灯警示的试点工程子项目（月进度及总进度计划），建设单位将约谈EPC总承包单位项目经理，各EPC总承包单位项目经理及全过程咨询单位（项目管理部）要重点关注，指导、监督项目工期回归正常；出现红灯警示或连续两次出现黄灯警示的子项目，且出现警示的子项目位于关键线路上，将会影响施工总进度计划时，建设单位将约谈EPC总承包单位（施工单位）项目经理部所属公司的分管生产领导（副总经理），要求重点关注，指导、监督项目工期回归正常，同时每次处5万元的罚款；连续两次出现红灯警示，且出现警示的子项目位于关键线路上，将会影响施工总进度计划，经全过程咨询单位要求未在规定的时间内落实赶工措施使工期回归正常的，建设单位将约谈EPC总承包单位（施工单位）项目经理部所属公司法人代表或总经理，并要求分管生产领导（副总经理）驻场督导，直至该子项目延误的工期回归正常后方可离开，同时每次处10万元罚款。详见“进度滞后预警等级划分表”。

进度滞后预警等级划分

序号	计划类型	正常延误 蓝灯	一般延误 黄灯	严重延误 红灯
1	总进度计划	延误7天内	延误7～14天	延误超出14天
2	月进度计划	延误3天内	延误4～7天	延误超出7天
3	周进度计划	延误1天内	延误2～4天	延误超出5天

- 根据经建设单位及全过程咨询单位审批的子项目施工进度计划，因EPC总承包单位原因延误子项目的竣工日期，每拖延1日，对EPC总承包单位处5万元的罚款；造成项目竣工验收时间的延误，每延误1日处30万元的罚款。

2）奖励考核机制

- 依照有罚有奖的原则，罚款所得将用于奖励实施过程中表现较好的单位或个人，计划从罚款专用账户出资进行奖励。

3）奖惩执行和资金管理

- 建设单位、全过程咨询单位（项目管理部和工程监理机构）共同作出奖罚决定，全过程咨询单位（项目管理部）以书面形式作出奖罚通知。
- 奖罚以现金形式进行。罚金以现金形式即日缴纳，逾期 3 日未缴纳或拒绝缴纳将 3 倍罚款金额从工程款内扣除。
- 奖罚现金由全过程咨询单位（项目管理部）记账；全过程咨询单位（工程监理机构）负责罚款的催缴，建设单位对现金收支建立专用账户；此款专款专用，每月公示。
- 奖罚现金账户在试点工程项目竣工验收前归零。

4）其他

本管理办法从发布之日起执行，建设单位将根据项目需要修订本奖罚管理办法，解释权归建设单位。

表 1：总进度计划审批表

总进度计划审批表

编号：

计划名称		目标工期	
计划开工时间		计划完工时间	
建设单位意见：			
管理公司意见：			
监理单位意见：			

表 2：设计/施工进度计划审批表

设计/施工进度计划审批表

编号：

计划名称		目标工期	
计划开工时间		计划完工时间	
建设单位意见：			
管理公司意见：			
监理单位意见：			
设计单位/EPC 总承包单位意见：			

表 3：周进度计划调整审批表

周进度计划调整审批表

编号：

调整计划名称	
建设单位意见：	
管理公司意见：	
监理单位意见：	
设计单位/EPC 总承包单位意见：	

表 4：月/总进度计划调整审批表

月/总进度计划调整审批表

编号：

调整计划名称	
建设单位意见：	
管理公司意见：	
监理单位意见：	
设计单位/EPC 总承包单位意见：	

乌梁素海流域山水林田湖草生态保护修复试点工程投资管理办法

WLSH1-PM02-TJEC-010

1 总则

1.1 编制依据

- 《中华人民共和国建筑法》。
- 《中华人民共和国合同法》。
- 《中华人民共和国招标投标法》。
- 《中华人民共和国审计法》。
- 《建设工程造价咨询合同（示范文本）》（GF—2002—0212）。
- 《工程造价咨询业务操作指导规程》（中价协〔2002〕第 016 号）。
- 《建设工程造价咨询规范》（DG/TJ 08-1202—2011）。
- 《建筑工程施工发包与承包计价管理办法》（建设部令 第 16 号）。
- 《建设工程价款结算暂行办法》（财建〔2004〕369 号）。
- 《建设项目全过程造价管理咨询工作规程》（CECA/GC 4—2009）。
- 《建设项目投资估算编审规程》（CECA/GC 1—2015）。
- 《建设项目设计概算编审规程》（CECA-GC2—2007）。
- 《建设项目施工图预算编审规程》（CECA/GC 5—2010）。
- 《建设工程工程量清单计价规范》（GB 50500—2013）。
- 全国各专业工程定额与内蒙古自治区各专业工程定额，以及当地定额站发布的造价信息价。
- EPC 总承包合同。
- 前期立项文件、设计文件及各项目的现场实际情况。

1.2　编制目的

为了保障乌梁素海流域山水林田湖草生态保护修复试点工程项目投资目标顺利实现，明确有关各方的职责和管理流程，实施有效的投资控制，并确保投资管理成果符合法律法规、当地造价审计管理的规章制度、相关合同的规定等，特制定本管理办法。

1.3　适用范围

本管理办法适用于乌梁素海流域山水林田湖草生态保护修复试点工程投资管理的相关工作。

1.4　各方管理职责

1）建设单位的管理职责

- 负责项目整体投资管理工作，负责委托全过程咨询单位对各参建单位提交的项目资金使用计划、概算、预算、进度款、变更、索赔、决算等进行审核、上报、执行和控制。
- 负责对全过程咨询单位上报的资金使用计划、概算、预算等进行审核、批准、下达，指导项目投资管理的执行。

2）全过程咨询单位的管理职责

- 协助建设单位开展项目投资管理工作，负责对项目资金使用计划、概算、预算、进度款、变更、索赔、决算进行审核和控制。
- 代表建设单位对公开招标工作进行落实和具体实施，负责编制工程量清单和标底工作。同时根据需要对投标文件做出分析比较，并出具回标分析报告。
- 为建设单位提供投资控制决策依据，一般服务范围包括但不限于以下内容：建设项目投资概算的编制；根据会审后的初步设计文件及相应的概算，为项目投资控制工作提供准确的动态数据分析和专业建议；建设工程预算、竣工结算的编制、审核；建设工程招标指导价编制、投标报价的审核；工程洽商、变更及合同争议的鉴定与索赔；编制工程造价计价依据及对工程造价进行监控和提供有关工程造价的信息和资料等；对合同双方的进度款进行审核，并出具书面意见；对各项合同进行竣工结算审价；对设计（技术）变更和现场签证等工作，提供相关依据以及可供参考的市场价格信息等，为建设单位决策奠定基础；其他有关造价咨询方面的建议。

3）EPC 总承包单位的管理职责

- 在初步设计阶段，要不断优化设计方案，尽量减少投资。
- 严格履行“限额设计”过程中的管理职责，应坚持预算不超概算、概算不超估算的原则。
- 按限额设计要求进行设计，并负责编制设计概算、预算。
- 负责编制竣工结算资料（包括相关的竣工资料和竣工图）。

2 投资管理办法

2.1 资金使用计划表编制和审核

由全过程咨询单位根据本项目投资概算、预算和进度计划表等相关资料，并结合项目实际进展情况编制年、季、月的资金使用计划表。资金使用计划表编制完成后提交给建设单位审核。

2.2 概算编制、审核与分解

1）概算编制

EPC 总承包单位根据扩大初步设计图纸、概算定额以及市场价格信息等资料，编制项目概算。

2）概算审核

- 初步设计完成后，全过程咨询单位负责组织概算审核工作，重点审核是否存在重项、漏项和确定拟选用的设备、材料的品牌。
- 由全过程咨询单位将确定的初步设计文件和确定的送审概算结果上报建设单位，并申请组织会审。
- 会审通过后，全过程咨询单位将批复的设计概算转交给所有相关单位，作为本项目投资控制的依据。
- 如果实施概算已超出项目批复立项金额，应由全过程咨询单位向建设单位报告并着手办理项目投资追加、调整手续。
- 全过程咨询单位根据规定的概算定额或指标以及有关的技术经济指标与设计概算等进行技术性、经济性对比分析，了解设计概算编制依据是否符合现行规定和施工现场实际，有无扩大规模、多估投资或预留缺口、建设内容漏项等情况。

3）概算分解

全过程咨询单位负责依据概算指标和内容对项目的成本进行分解，协助建设单位确定施工、设备、材料等合同的指导价、控制价和合同价，并根据概算价设定投资控制目标。

2.3 投资控制目标的跟踪

1）合同梳理

- 全过程咨询单位在正式介入项目之后，对已经签订的合同、正在执行的合同和已经执行完毕的合同进行梳理。
- 统计已签订、在执行、已执行合同的总价，分析已签订合同中是否存在风险。如有，则采取相应的措施（包括组织措施、经济措施、技术措施和合同措施等），为更好地处理风险做准备。
- 对在执行、已执行合同的实际执行情况与合同约定的内容进行比较、分析、统计。

2）限额设计管理

- 全过程咨询单位应对限额设计进行管理，按照限额设计要求，审核 EPC 总承包单位的施工图。
- 施工图阶段限额设计的重点应放在初步设计工程量控制方面。控制工程量一经审定，即作为施工图设计工程量的最高限额，不得突破。

3）合同价控制

- 全过程咨询单位根据已经策划好的各类合同，以及概算价、指导价、控制价，严格控制工程类、服务类、货物类等的合同价，严格按照既定投资目标协助建设单位签订合同。其中指导价不得突破概算价，控制价不得突破指导价，合同价不得突破控制价。如出现不得不出现突破概算价的情况，应由建设单位向其上级主管部门提出申请，修改相关概算价。
- 全过程咨询单位应参与项目分包招标和设备材料招标文件合同条款的审核，协助签订分包合同和设备材料采购合同。对按规定不进行招标的分包合同和设备材料采购合同出具合同审价意见。

4）合同执行跟踪

- 合同执行的过程中，对结算价可能造成影响的因素进行跟踪、控制，将结算价的变动控制在合理的范围之内。

5）调整概算审批权限

- 实施及变更后的分项投资额在概算指标范围内的投资工作，经全过程咨询单位报建设单位组织会审后实施。
- 实施及变更后的分项投资额超过概算指标范围，但是在总概算范围内的投资工作，经建设单位组织会审，并调整分项概算后实施。

- 实施及变更后的分项投资额超过概算指标范围，同时突破总概算，但是在项目总投资 110%范围内的投资工作，由建设单位组织会审，并调整概算后实施。
- 实施及变更后的分项投资额超过概算指标范围，同时突破总概算，而且超过项目总投资 115%的投资工作，由建设单位组织会审，并报上级主管部门调整概算，经批准后实施。

2.4 预算编制、审核与管理

工程预算采用由 EPC 总承包单位自编自审，全过程咨询单位（项目管理部）审核，发包人批准的管理方式。

1）预算编制

- EPC 总承包单位应当在工程子项目施工图纸通过图审后 30 日内完成工程预算，并报发包人与全过程咨询单位（项目管理部）审核。
- EPC 总承包单位负责收集关于政府补贴的文件及标准，作为政府补贴性项目预算编制依据。

2）预算审核

- 全过程咨询单位（项目管理部）应在收到工程预算文件 30 日内完成审核，全过程咨询单位（项目管理部）组织各相关单位进行审核。

3）管理要求

- 定额依据。各子项目的预算编制必须参照本专业的现行定额。若无本专业的定额，应执行相近专业的现行定额，或按照合同协商的方式解决。
- 工程预算实行总价控制原则。各子项目的工程预算总价按合同规定不得超过相对应子项目的工程概算中的建安费，如发生工程预算超过工程概算中的建安费的情况，须要求 EPC 总承包单位重新对施工图进行设计优化和根据主材市场行情调整预算价，并重新编制工程预算。
- 项目单价编制要求。项目单价按照内蒙古自治区现行工程计价定额、相关配套文件及基准日人工、材料信息价（材料信息价以项目大部分工程量所在地区为准）共同确定计取，基准日是合同签订日前 28 日。
- 主要材料、设备若无市场信息价的编制要求。在编制工程预算时，对于无信息价的主要材料设备，由发包人组织全过程咨询单位、EPC 总承包单位负责材料询价工作，按设计要求的规格和功能进行询价。询价的材料设备原则上同一品牌不得少于三家，并且坚持质优价廉原则。材料询价的具体方案按发包人要求执行，产生的询价管理费用由 EPC 总承包单位承担。

- 工程量计算要求。各子项目的工程量计算以设计施工图为基础，按照该子项目套用定额规定的工程量计算规则，以及当地政府和发包人正式行文的规定进行计算。
- 其他要求。EPC 总承包单位按本工程合同要求编制工程预算书，预算书的内容还需包括计算公式、造价成果的电子版本等。

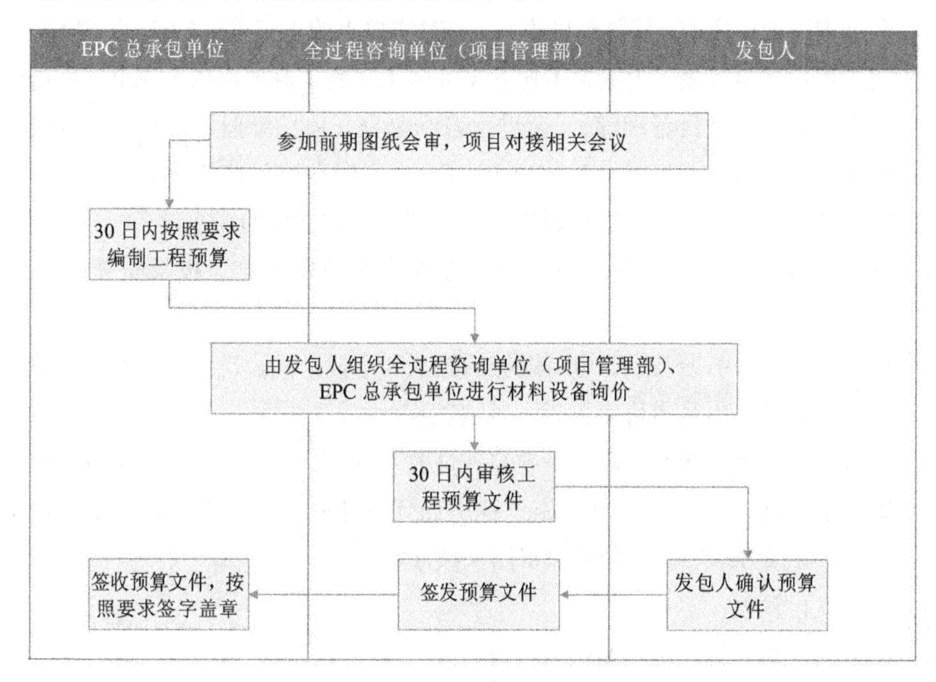

图 1　工程预算管理流程

2.5　合同付款管理

1）付款预算申请及投资统计

- 全过程咨询单位在每月 20 日前编制完成下一个月的用款计划，交建设单位审核；同时对上一个月的付款情况进行统计，形成报告并交给建设单位。
- 建设单位对全过程咨询单位提交的月度付款预算计划进行会审，并给出审核意见。
- 建设单位于每月 25 日前将审定的付款预算计划进行备案，同时将审核意见转交给全过程咨询单位。
- 全过程咨询单位将建设单位审批通过的付款预算计划转交给造价咨询单位进行备案。
- 全过程咨询单位对本月付款预算计划和上月付款统计情况进行备案。

2）进度款申报

施工单位完成一定的工程量后，按已完成的工程量填写“工程量清单”和“合同进度用款审核表”报送工程监理机构，并附请款依据（合同）、施工月度完成统计表和合同进度款状态与内容。

3）进度款审核

- 全过程咨询单位（工程监理机构）总监对清单上的工程量进行认证、计量，在“合同进度用款审核表”上签署审核意见并附上《施工监理审核意见书》后送交全过程咨询单位（项目管理部）。全过程咨询单位（项目管理部）对本次合同进度用款申请进行审核，出具“付款建议表”，并及时向建设单位书面汇报投资控制情况和建议。工程进度款支付原则上不得超过合同总价的85%。
- 项目实施过程中涉及的政府行政事业性收费项目详见“报批报建工作指导手册”。
- 项目实施过程中涉及水、电、煤等的施工和承揽合同，也应进行合同审价，由全过程咨询单位出具审价意见后，结清工程款。
- 项目实施过程中涉及的政府行政事业性收费项目，经全过程咨询单位和建设单位审核后直接支付。若项目实施过程中遇到特殊原因造成投资超过批准投资额的10%，必须办理项目追加调整费用手续才能支付。

4）合同支付管理

- 由合同签约单位提出当期付款申请。
- 建设单位和全过程咨询单位对合同付款申请签署意见。
- 全过程咨询单位根据付款申请编制“付款建议书”。
- 建设单位对比本月付款预算计划，对“合同进度用款审核表”和“付款建议书”进行审批，将审核结果转交全过程咨询单位执行和备案。
- 全过程咨询单位根据建设单位审核后的“付款建议表”办理付款手续。

2.6 变更管理

1）变更类型

- 施工过程中，如出现由于设计（技术）变更、技术（材料）核定引起的工程量和材料变更的情况，应及时出具设计（技术）变更单和技术（材料）核定单，并经相关单位签字确认后，作为结算审价的依据。
- 本项目变更管理流程分为建设单位提出的变更和乙方单位提出的变更。对于建设单位提出的变更，应以由建设单位盖章的“工作联系函”为依据确认设计变更的有效性、合法性。“工作联系函”由建设单位盖章生效。

2）工作流程

- EPC 总承包单位在接到发包人的变更通知后，应于 14 日内向发包人与全过程咨询单位分别提交实施变更的工作内容、设备、材料、人力、机具、周转材料、消耗材料等资源消耗，以及相关管理费用和合理利润的估算。此项变更引起竣工日期延长时，应在报告中说明理由，并提交与此项变更相关的进度计划。
- 对于变更引起合同工作内容减少或合同单价降低的内容，EPC 总承包单位应当如实提交相对应的费用变更申请，不得瞒报。
- 发包人与全过程咨询单位在收到 EPC 总承包单位的费用变更资料后，应于 14 日内与 EPC 总承包单位协商并出具费用变更审核意见。
- EPC 总承包单位提交的相关资料内容要求包含发包人指令单、全过程咨询单位（工程监理机构）签字认可的监理隐蔽工程验收资料，影像照片、工程量计算书等辅助资料。全过程咨询单位认为资料不完整的文件，EPC 总承包单位应在 7 日内补充完整，费用变更审核日期相应顺延。
- 项目发生紧急性变更程序，发包人可通过书面形式或口头形式提出紧急性变更（若发包人以口头形式提出紧急性变更，须在 48 小时内以书面方式确认此项变更，并送交承包方的项目负责人签收）。EPC 总承包单位应于 14 日内提交费用签证以及经发包人确认的图纸、工程量计算书、现场影像资料等辅助文件作为签证的审核依据。审核程序参照正常费用变更申请流程。

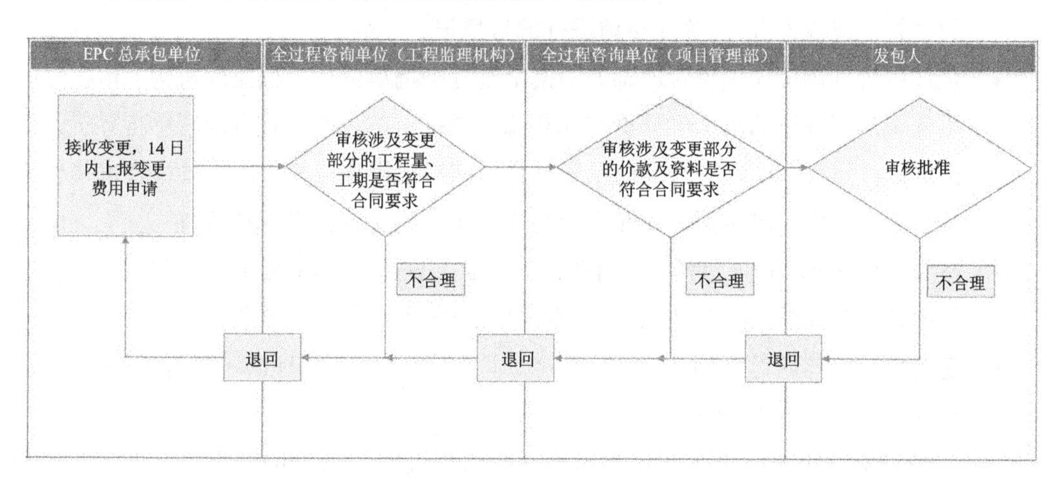

图 2　工程变更管理流程

3）管理要求

- 变更文件的提出应当基于控制投资、降低成本、优化方案的原则。由全过程咨询单位对变更的范围进行审核分析，如变更内容不合理或该变更将导致本工程费用超出预算，全过程咨询单位将适时提醒发包人。

- 变更文件提出后，变更文件需经过发包人与全过程咨询单位同意，EPC 总承包单位方可执行。
- 本工程的所有工程变更文件由发包人书面确认，并经全过程咨询单位发文后，EPC 总承包单位方可执行。未经发包人确认及全过程咨询单位发布的变更，费用不予计取。
- 变更费用的计算。根据本工程承包合同规定，变更项目费用计算应与该子项目预算的计算原则一致。如预算中有适用于变更工程的单价，按预算已有的单价计算；如预算已有类似于变更工程的单价，以此单价作为基础重新确定变更单价；如预算中没有适用和类似的单价，双方按合同要求商定变更单价。

2.7 签证管理

- 由 EPC 总承包单位根据需要以“签证审核表”向全过程咨询单位（工程监理机构）提出签证申请。
- 全过程咨询单位（工程监理机构）对签证申请内容的必要性以及签证工程量进行审核，审核通过后将审核意见转交全过程咨询单位（项目管理部），如未通过则结束本流程。
- 全过程咨询单位（项目管理部）接到全过程咨询单位（工程监理机构）审核通过的“签证审核表”，对签证申请进行编号登记。
- 全过程咨询单位（项目管理部）根据全过程咨询单位（工程监理机构）审核过的签证申请对签证的单价、计价方式和总价进行审核。如果有合同清单指导价，则根据此价执行；如没有合同清单指导价，应提出指导价格，由全过程咨询单位根据指导价提出控制价后，建设单位与施工单位进行谈判并形成文件。
- 建设单位接收“签证审核表”后交相关专业工程师提出审核意见，审核意见包括：①签证的必要性；②签证的工程量；③签证涉及的单价、计价方式和总价。
- 建设单位审核通过后确认签证，交全过程咨询单位。全过程咨询单位将最后的签证结果传递给施工总包，由施工总包执行。
- 如建设单位审核时产生颠覆性意见，则由全过程咨询单位组织各方进行专题会审；经专题会议形成会审统一意见，由各方会签“签证审核表”交全过程咨询单位，并由后者传递给各方备案、执行。
- 对于所有的“签证审核表”全过程咨询单位均需做好备案管理工作。

2.8　核价批价管理

- 对于需要批价的项目，在工程实施阶段发生前由 EPC 总承包单位以“技术（材料）核定单”提出核价批价申请（对于暂估价等，须同时提出计价依据），然后由全过程咨询单位（工程监理机构）审核。
- 相关专业监理工程师根据合同及招投标文件审核确定是否需要核价批价，如监理工程师不同意核价批价申请，则本次核价批价申请结束；如监理工程师审核同意批价，则监理工程师须确定批价数量，并转交全过程咨询单位（项目管理部）。
- 全过程咨询单位（项目管理部）在接到全过程咨询单位（工程监理机构）审核通过的“技术（材料）核定单”后，对批价申请编号进行登记，同时将“技术（材料）核定单”传递给建设单位。
- 建设单位收到“技术（材料）核定单”后传递给相关专业技术人员，确认技术参数，并将结果转交给全过程咨询单位；全过程咨询单位将结果传递给造价咨询单位。
- 全过程咨询单位收到“技术（材料）核定单”后，组织相关专业工程师对“技术（材料）核定单”做出单价（市场指导价）、计价方式和总价的审批意见，然后将审批意见传递给建设单位。
- 建设单位首先根据全过程咨询单位提出的市场指导价提出控制价；其次由全过程咨询单位组织建设单位、全过程咨询单位和 EPC 总承包单位通过谈判确定控制价，并由全过程咨询单位做谈判记录；最后由建设单位对谈判结果进行审核确认。
- 由全过程咨询单位将谈判结果和建设单位的相关审核意见转交给相关单位。
- EPC 总承包单位接到谈判记录和建设单位审核意见后，组织实施采购、材料供应和施工。

2.9　工程进度款管理

1）管理方式

- 本工程进度款管理采用四级管理方式：EPC 总承包单位自编自检，全过程咨询单位（工程监理机构）计量校核，全过程咨询单位（项目管理部）审核，发包人批准。其中全过程咨询单位（工程监理机构）采用监理规范确认的方式进行计量校核，全过程咨询单位（项目管理部）可使用包括无人机测量等多种方式对工程量进行审核。

- 政府补贴性项目按照实际发放情况上报进度款，EPC 总承包单位需向发包人、全过程咨询单位提供当期经村民签字、村委会盖章的原始文件和台账备查。

2）工作流程

本工程进度款按月报送，全过程咨询单位（工程监理机构）在收到进度款申报文件后 7 日内审核完成，发包人和全过程咨询单位（项目管理部）从收到审核合格后的付款申请报告之日起 7 日内完成复核，原则上发包人在确认后 5 个工作日内付款。

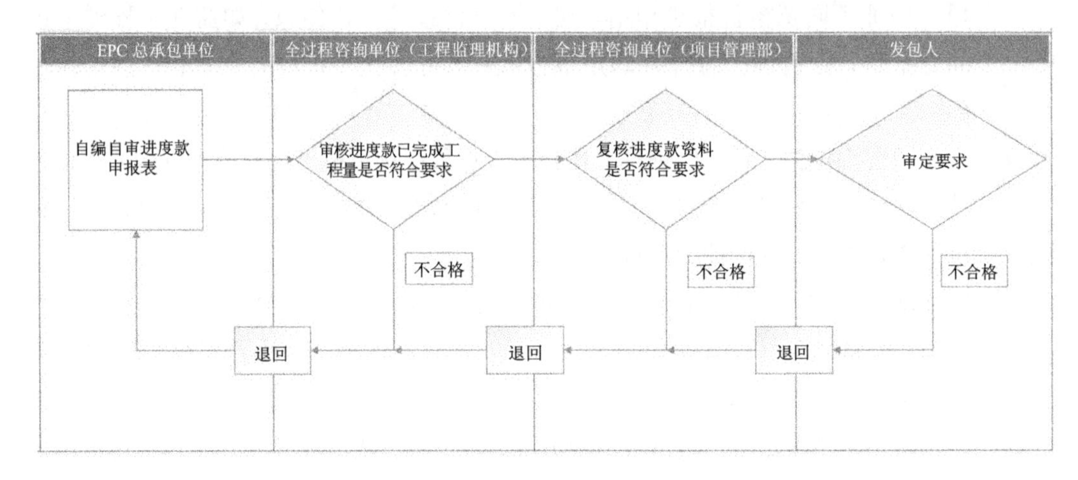

图 3 进度款审批流程

3）管理要求

- 进度款拨付条件。EPC 总承包单位进度款的拨付依据为各子项目的工程预算（包括变更项目的预算），每个子项目的工程预算和变更费用经发包人和全过程咨询单位审核确认后，方可按合同要求申报该子项目的进度款。
- 工程量计算原则。对于经全过程咨询单位（工程监理机构）验收不合格的、报验资料不全的，或与合同文件约定不符的分项工程不得计量。
- 工程款的支付。发包人和全过程咨询单位在审核进度款时，将扣除预付款，以及 EPC 总承包单位应承担的违约金、处罚款、赔偿款项等，按照应付款的 85%支付。各子项目验收合格后，工程款支付至合同价款的 90%后暂停进度款的拨付。
- 政府补贴性项目（涉及农业）的付款按照实际情况 100% 当期发放，EPC 总承包单位不得以任何理由扣压。

2.10 结算管理

1）结算确认及调整

- 单体工程交付或整体工程交付后，施工单位应及时编制竣工图和结算书，交全过程咨询单位审核。
- 竣工图和送审的结算书应由EPC总承包单位盖章，由全过程咨询单位（工程监理机构、项目管理部）和建设单位负责人签字、盖章确认，并提供电子文档。
- 项目结算是建设成本的最终表现形式。项目结算应依据建设工程合同及建设中的成本管理基础资料，由全过程咨询单位按照规定进行审核。建设单位对结算审核工作起监督作用。

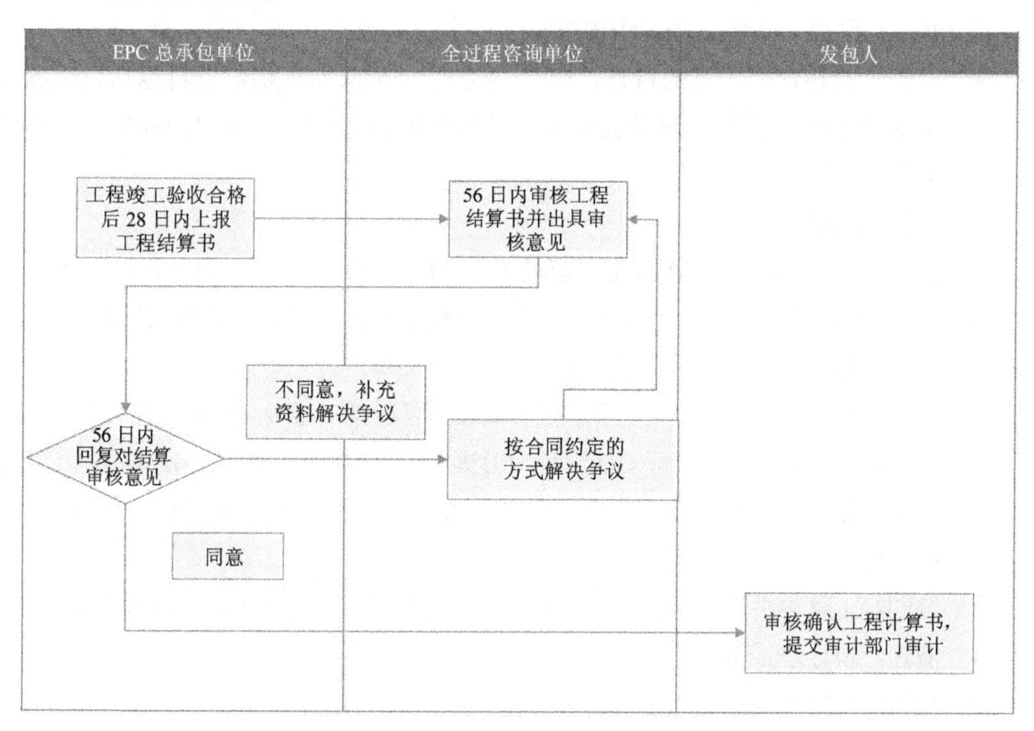

图4 工程结算管理流程

2）合同履行情况审核

全过程咨询单位、建设单位依据合同，审查工程实际履行情况。

3）合同变更情况审核

全过程咨询单位、建设单位对合同变更项目进行审查，核对其实际完成情况是否与竣工图和结算书一致。

4）管理要求

- 结算审核依据：本工程的总承包合同、工程设计文件、政府批准的概算文件、审核批准的预算文件和工程变更文件。未经发包人和全过程咨询单位确认的文件，不得作为工程结算的依据。
- 工程各子项目结算金额的确定以全过程咨询单位的审核且经审计部门审计后的结果为准。
- 在收到发包人和全过程咨询单位的审核意见的 56 日内，EPC 总承包单位不确认也未提出异议的，应视为发包人的审核意见已被 EPC 总承包单位认可，竣工结算办理完毕。发包人全过程咨询单位对 EPC 总承包单位提交的工程结算书有异议的，有权要求 EPC 总承包单位修正和提供补充资料，如承包方未及时提交补充资料，工程结算审核完成时间相应顺延。
- 对于政府补贴性项目的审计，EPC 总承包单位应当提供的资料包括村民领取补贴签收单（原件）、村委会发放人员名单明细（原件）、政府的补贴标准相关文件。

5）结算价的调整与确认

项目竣工后，全过程咨询单位配合建设单位开展项目结算工作，具体程序如下：

- 搜集一套完整的资料，系统地整理所有的技术资料、工程结算的经济文件、施工图纸和各种变更与签证资料，并分析它们的准确性。
- 对照、核实工程变动情况，重新核实单项工程造价，将竣工资料与原设计图纸进行查对、核实，必要时可实地测量，确认实际变更情况；根据经审定的施工单位竣工结算等原始资料，按照有关规定对原概算、预算进行增减调整，重新核定工程造价。
- 编制竣工财务决算说明书，填报竣工财务决算报表，做好工程造价对比分析；
- 清理、装订竣工图。
- 按国家规定上报审批，存档。

3　各阶段工作流程

3.1　全过程造价控制流程

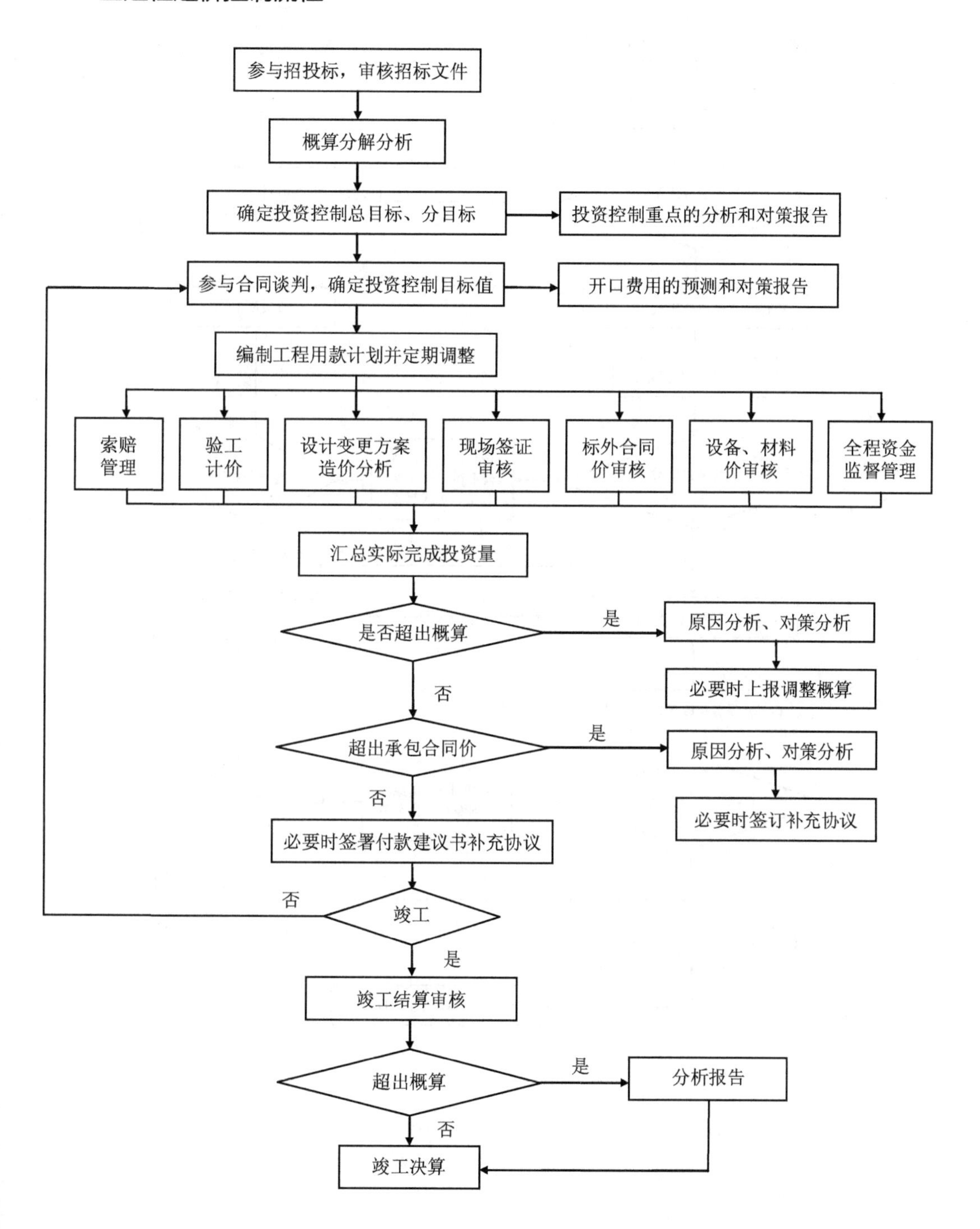

3.2　设计阶段投资控制工作流程

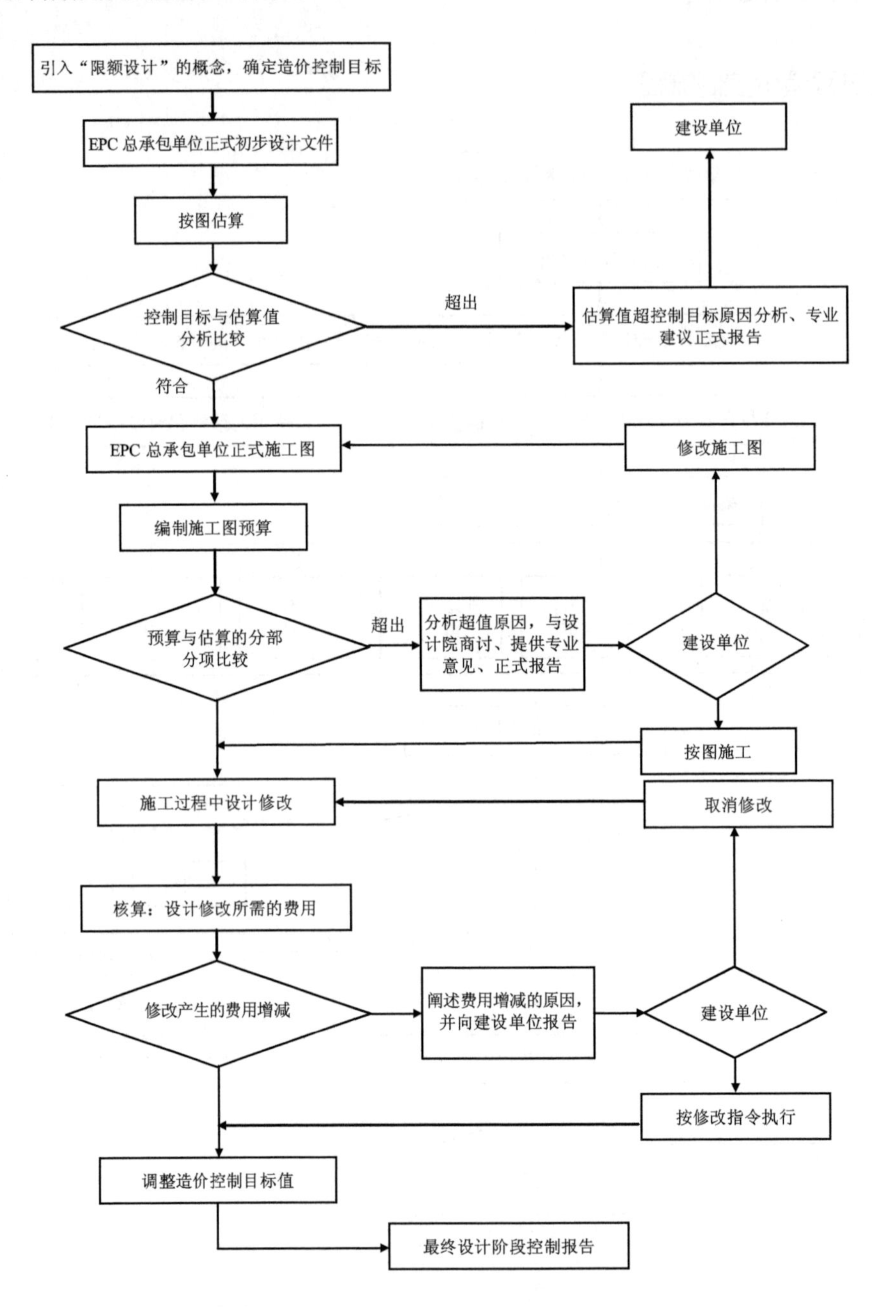

3.3 招标阶段招标文件审核流程

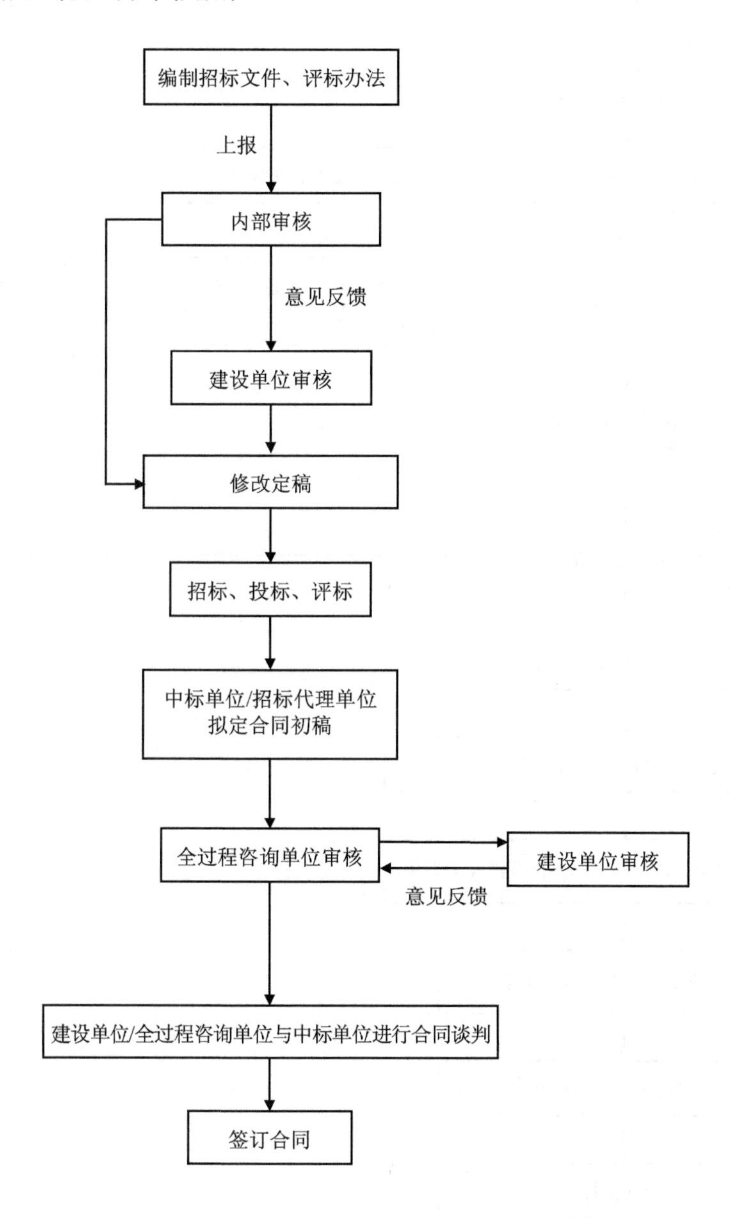

3.4 施工阶段设计变更审核流程

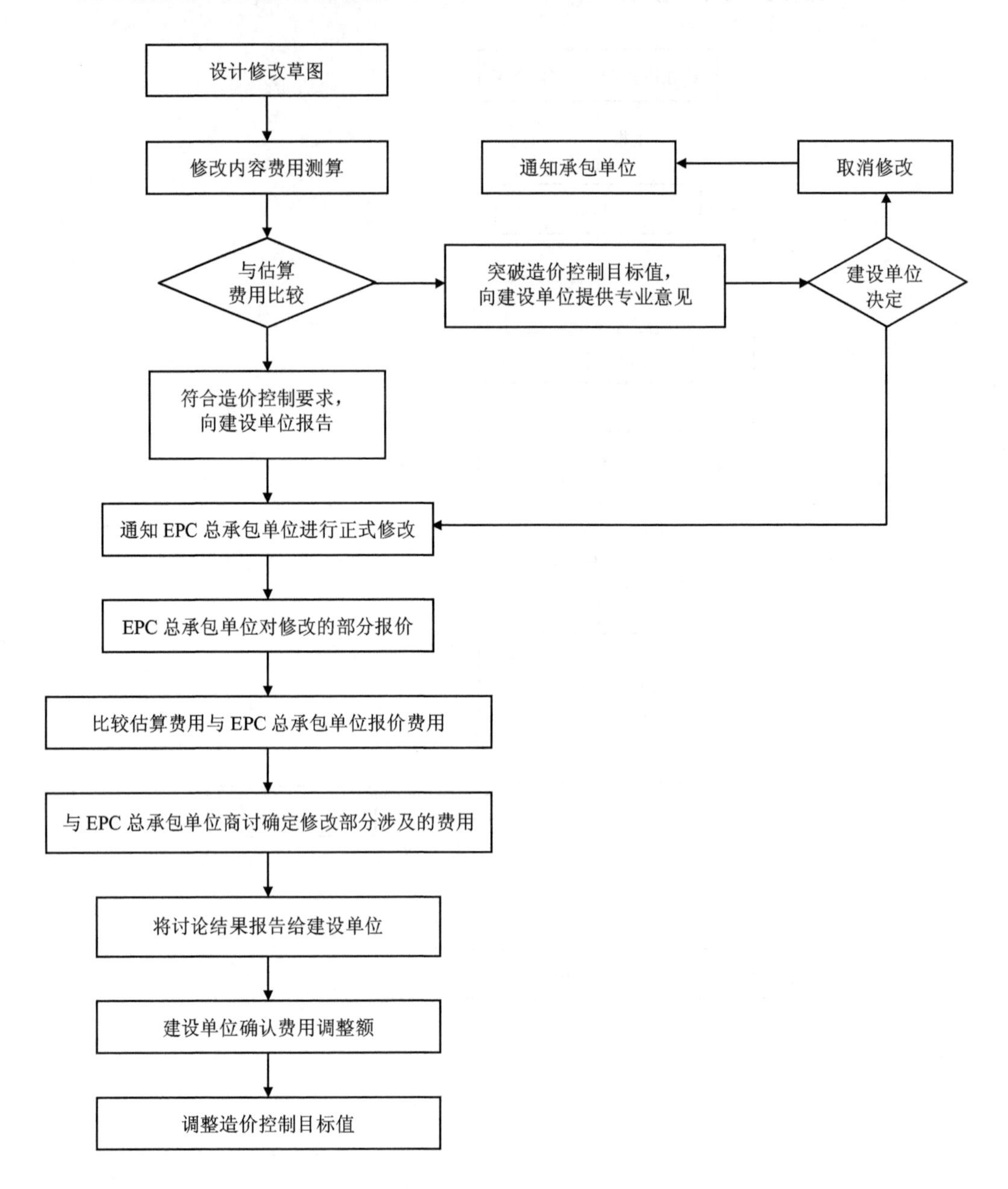

3.5 造价索赔流程

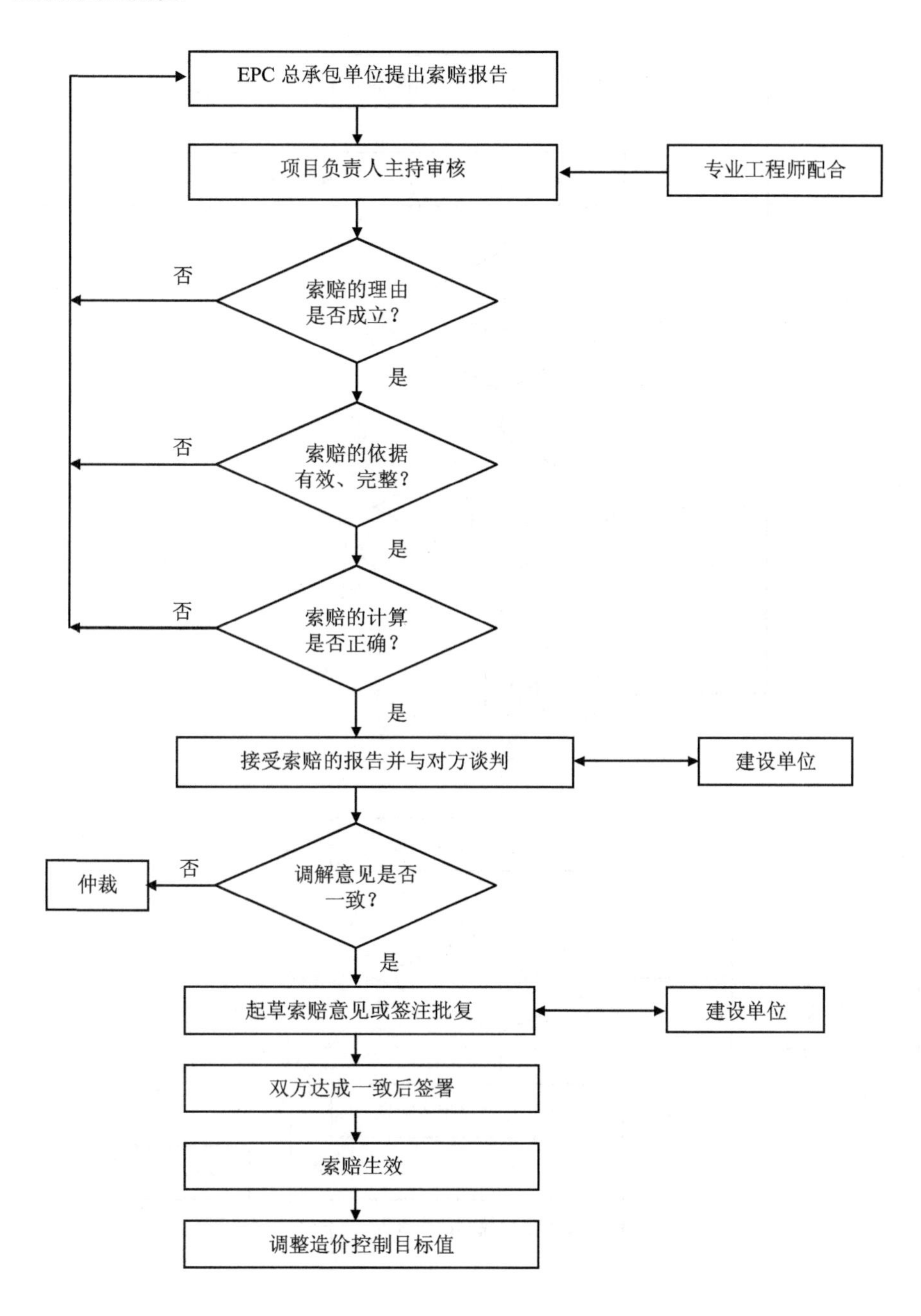
EPC 总承包单位提出索赔报告
项目负责人主持审核
专业工程师配合
索赔的理由
是否成立？
否
是
索赔的依据
有效、完整？
否
是
索赔的计算
是否正确？
否
是
接受索赔的报告并与对方谈判
建设单位
调解意见是否
一致？
否
仲裁
是
起草索赔意见或签注批复
建设单位
双方达成一致后签署
索赔生效
调整造价控制目标值

3.6　工程竣工结算阶段造价审核流程

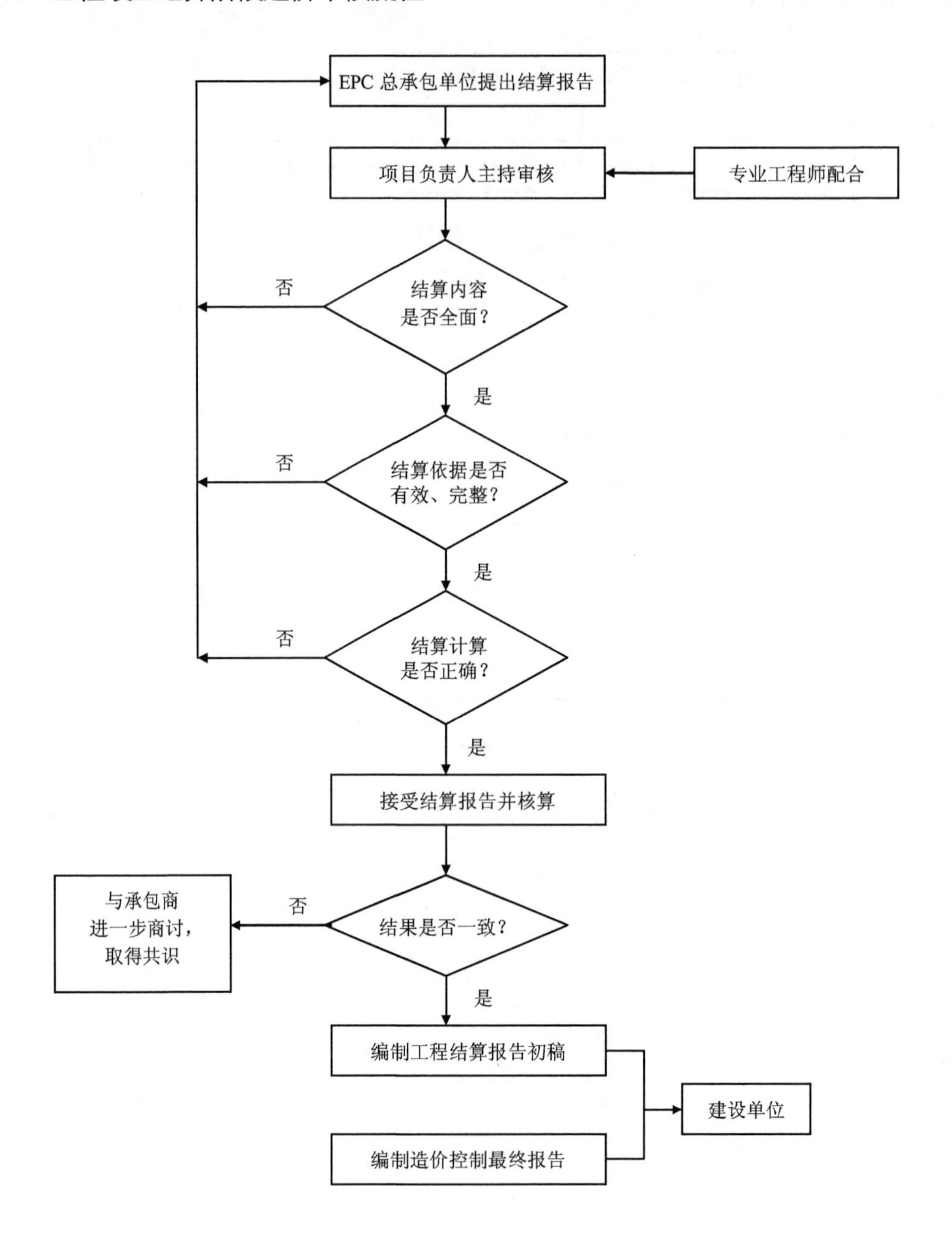

4　造价资料管理

- 本工程造价管理资料以单个子项目为单元，按概算、预算、变更等过程资料分别归类进行组卷存档管理。
- 所有造价管理资料以原件进行存档，全过程咨询单位（项目管理部）作为整个项目的管理者，对造价资料进行负责。
- 造价管理资料以各个子项目为单位，要求结合合同管理建立完整的管理台账，并由专人负责。

5　资金绩效管理

1）资金计划管理工作流程

- 本工程的所有资金统一纳入政府投资项目管理平台系统进行管理，实行自治区、市和旗（县）财政部门三级纵向联网管理；同时对所有参加项目建设管理的市直监管机构及部门、EPC 总承包单位、项目全过程管理公司横向联网管理。
- 市财政部门通过项目管理平台系统下达资金预算指标后，项目承担单位提出申请使用资金计划，要先经全过程管理公司审核相关手续，再经项目主管部门确认，最后由政府监管机构审批下达支付指令，财政部门从国库集中支付系统及时拨付资金。

2）绩效管理的要求

- 资金绩效评价的内容主要包括工程的资金投入情况、资金和工程管理情况、产出和效果情况。现场可参照市财政局、生态环境局、自然资源局拟定的工程实施绩效评价指标框架体系［详见（巴财建规〔2019〕3 号附件 2)］。
- 绩效评价实行实时动态监控，每季度 EPC 总承包单位向全过程咨询单位提供当季工程实施情况附件材料。对上报不及时或材料内容不全、不实、不规范的，全过程咨询单位视情况对绩效考核扣分。工程绩效评价结果作为 EPC 总承包单位绩效评价结果的重要依据。

6 附表

表 1：变更申请审批表

变更申请审批表

文件编号：

<table>
<tr><td>分部分项工程名称</td><td></td><td>申请单位</td><td></td></tr>
<tr><td>变更事项</td><td></td><td>变更单位</td><td>（主发起方/配合单位）</td></tr>
<tr><td>变更申请内容</td><td colspan="3">签字：　　　　日期：</td></tr>
<tr><td colspan="4">施工总包意见：
签字：　　　　日期：</td></tr>
<tr><td colspan="4">施工监理意见：
签字：　　　　日期：</td></tr>
<tr><td colspan="4">造价咨询意见：
签字：　　　　日期：</td></tr>
<tr><td colspan="4">全过程咨询单位意见：
签字：　　　　日期：</td></tr>
<tr><td colspan="4">建设单位相关工程师审核意见：
签字：　　　　日期：</td></tr>
<tr><td colspan="4">建设单位现场负责人审核意见：
签字：　　　　日期：</td></tr>
<tr><td colspan="4">备注：
变更申请相关资料详见附件</td></tr>
</table>

表 2：签证审核表

签证审核表

工程名称：　　　　　　　　　　　　　　　　　　　　　　文件编号：

根据合同（补充协议）第___条的规定，由于______________________原因，要求就下列事项签证并予以核定。 事项： 附件： 申报（施工承包）单位： 负责（代表）人：　　　　日期：
监理工程师确认意见： 附件： 专业监理工程师：　　　　日期： 总监理工程师：　　　　日期：
建设单位工程师审查意见： 工程师：　　　　日期：
造价工程师审核意见或建议： 附件： 造价工程师代表：　　　　日期：
建设单位确认意见： 现场代表/造价负责人：　　　　日期：

注：监理工程师/建设单位确认事实，造价工程师在确认的基础上审定造价。

表3：技术（材料）核定单

技术（材料）核定单

申报单位（盖章）：　　　　　　　　　　　　　　　　　　文件编号：

序号	编号	设备材料名称	材料品牌、规格、型号	单位	数量			施工单位申报单价（元）	合同约定价（元）	造价单位复核单价（元）	申报时间
					暂定	本次备料	累积计				
1											
2											
3											
4											
5											
6											

施工监理单位意见	造价咨询单位意见	项目管理单位意见	建设单位意见

表 4：付款预算申请表

付款预算申请表

项目名称：　　　　　　　　　　　　单位：万元　　　　　　文件编号：

<table>
<tr><th rowspan="3">序号</th><th rowspan="3">账目归类（按概算分类）</th><th colspan="5">合同</th><th rowspan="3">至上期末累计付款</th><th colspan="7">本月用款申请</th><th rowspan="3">上期累计付款与本期审批用款占合同的百分比/%</th></tr>
<tr><th rowspan="2">合同编号</th><th rowspan="2">请款单位</th><th rowspan="2">付款内容</th><th rowspan="2">合同价</th><th rowspan="2">是否包干</th><th rowspan="2">上期批准用款计划额</th><th colspan="3">用款单位上报用款申请</th><th colspan="3">造价咨询审核用款</th></tr>
<tr><th>上报用款</th><th>代扣申请费</th><th>需支付金额</th><th>审核用款</th><th>代扣审价费</th><th>需支付金额</th></tr>
<tr><td></td><td>（1）</td><td>（2）</td><td>（3）</td><td>（4）</td><td>（5）</td><td>（6）</td><td>（7）</td><td>（8）</td><td>（9）</td><td>（10）</td><td>（11）</td><td>（12）</td><td>（13）</td><td>（14）</td><td>（15）</td></tr>
<tr><td>1</td><td></td><td></td><td></td><td></td><td></td><td></td><td></td><td></td><td></td><td></td><td></td><td></td><td></td><td></td><td></td></tr>
<tr><td>2</td><td></td><td></td><td></td><td></td><td></td><td></td><td></td><td></td><td></td><td></td><td></td><td></td><td></td><td></td><td></td></tr>
<tr><td>3</td><td></td><td></td><td></td><td></td><td></td><td></td><td></td><td></td><td></td><td></td><td></td><td></td><td></td><td></td><td></td></tr>
<tr><td>4</td><td></td><td></td><td></td><td></td><td></td><td></td><td></td><td></td><td></td><td></td><td></td><td></td><td></td><td></td><td></td></tr>
<tr><td>5</td><td colspan="6">代扣审价费［如果第（10）项有］</td><td></td><td></td><td></td><td></td><td></td><td></td><td></td><td></td><td></td></tr>
<tr><td>6</td><td></td><td></td><td></td><td></td><td></td><td></td><td></td><td></td><td></td><td></td><td></td><td></td><td></td><td></td><td></td></tr>
<tr><td>7</td><td></td><td></td><td></td><td></td><td></td><td></td><td></td><td></td><td></td><td></td><td></td><td></td><td></td><td></td><td></td></tr>
<tr><td>8</td><td></td><td></td><td></td><td></td><td></td><td></td><td></td><td></td><td></td><td></td><td></td><td></td><td></td><td></td><td></td></tr>
<tr><td colspan="16">合计：</td></tr>
<tr><td colspan="16">备注：</td></tr>
</table>

日期：　　　年　　　月　　　日

表 5：合同进度用款审核表

合同进度用款审核表

文件编号：

<table>
<tr><td>分项工程编号</td><td></td><td>合同编号</td><td></td></tr>
<tr><td>合同名称</td><td></td><td>合同金额/万元</td><td></td></tr>
<tr><td>截至上期末累计支付合同用款/万元</td><td>（包括预付款　　万元）</td><td>本期上报合同用款/万元</td><td></td></tr>
<tr><td colspan="4">附件内容：
（1）请款所依据的合同（首次申请用款必须附合同）
（2）施工月度完成统计表
（3）合同进度款状态

申请单位：
申请日期：　　年　月　日</td></tr>
<tr><td colspan="4">施工总承包单位意见：

签字盖章：　　日期：</td></tr>
<tr><td colspan="4">施工监理意见：
附：《施工监理审核意见书》

签字盖章：　　日期：</td></tr>
<tr><td colspan="4">项目管理单位项目经理意见：

签字盖章：　　日期：</td></tr>
<tr><td colspan="4">现场审计意见：
附：造价咨询《付款建议书》

签字盖章：　　日期：</td></tr>
<tr><td colspan="4">建设单位付款意见：

签字盖章：　　日期：</td></tr>
</table>

表 6：合同统计表

合同统计表

截止日期：　　　　　　　　　　　单位：万元　　　　　　　　文件编号：

序号	合同编号	合同内容	合同价	承包单位	签订时间	上月累计发生额	本月发生额	合计发生额	累计支付比例/%	备注
1										
2										
3										
4										
5										
6										
7										

表 7：工程结算审价审定单

工程结算审价审定单

文件编号：

<table>
<tr><td>名称</td><td colspan="2"></td><td>工程地址</td><td colspan="2"></td></tr>
<tr><td>建设单位</td><td colspan="2"></td><td>施工单位</td><td colspan="2"></td></tr>
<tr><td>委托合同书编号</td><td colspan="2"></td><td>审定日期</td><td colspan="2"></td></tr>
<tr><td>原预（结）算总造价</td><td colspan="2"></td><td>审定预（结）算总造价</td><td colspan="2"></td></tr>
<tr><td>核减金额</td><td>¥</td><td>核增金额</td><td>¥</td><td>核增减累计额</td><td>¥</td></tr>
<tr><td colspan="2">咨询单位签章</td><td colspan="2">建设单位签章</td><td colspan="2">施工单位签章</td></tr>
<tr><td colspan="2">代表人签章</td><td colspan="2">代表人签章</td><td colspan="2">代表人签章</td></tr>
</table>

填表人：　　　　　　　　　　　　　　　　　　　　　　年　　月　　日

表 8：进度款支付报表审核程序表

进度款支付报表审核程序表

项目名称：　　　　　　　　　　　　　　　　　　　　　　合同编号：

编号：		
范围：		
监理单位意见：	签字：	日期：
造价咨询单位意见：	签字：	日期：
项目管理单位意见：	签字：	日期：
建设单位意见：	签字：	日期：

注：本表由提出单位填写，应按顺序填写意见，并注明时间要求。

表 9：工程项目阶段（节点）进度付款建议表

工程项目阶段（节点）进度付款建议表

工程名称：　　　　　　　　　　　　　　　　　　　　承发包合同编号：

<table>
<tr><td colspan="2">合同价格</td><td colspan="2"></td><td colspan="4">本期（人民币）</td><td colspan="4">累计（人民币）</td></tr>
<tr><td colspan="2">预付款</td><td colspan="2"></td><td>合计</td><td>土建</td><td>安装</td><td>其他</td><td>合计</td><td>土建</td><td>安装</td><td>其他</td></tr>
<tr><td rowspan="6">工作量（1）</td><td rowspan="3">上报数（1）</td><td>进度款</td><td>（1）</td><td></td><td></td><td></td><td></td><td></td><td></td><td></td><td></td></tr>
<tr><td>变更签证款</td><td>（2）</td><td></td><td></td><td></td><td></td><td></td><td></td><td></td><td></td></tr>
<tr><td>上报小计</td><td>（3）</td><td></td><td></td><td></td><td></td><td></td><td></td><td></td><td></td></tr>
<tr><td rowspan="3">审核数（2）</td><td>进度款</td><td>（1）</td><td></td><td></td><td></td><td></td><td></td><td></td><td></td><td></td></tr>
<tr><td>变更签证款</td><td>（2）</td><td></td><td></td><td></td><td></td><td></td><td></td><td></td><td></td></tr>
<tr><td>审定小计</td><td>（3）</td><td></td><td></td><td></td><td></td><td></td><td></td><td></td><td></td></tr>
<tr><td rowspan="5">抵扣款（2）</td><td colspan="2">预付款</td><td>（1）</td><td></td><td></td><td></td><td></td><td></td><td></td><td></td><td></td></tr>
<tr><td colspan="2">甲供料款</td><td>（2）</td><td></td><td></td><td></td><td></td><td></td><td></td><td></td><td></td></tr>
<tr><td colspan="2">保留金/%</td><td>（3）</td><td></td><td></td><td></td><td></td><td></td><td></td><td></td><td></td></tr>
<tr><td colspan="2">其他</td><td>（4）</td><td></td><td></td><td></td><td></td><td></td><td></td><td></td><td></td></tr>
<tr><td colspan="2">抵扣小计</td><td>（5）</td><td></td><td></td><td></td><td></td><td></td><td></td><td></td><td></td></tr>
<tr><td colspan="7">开工累计应付款额=累计审定进度款+预付款余额</td><td colspan="5"></td></tr>
<tr><td colspan="3">竣工结算前最高付款额</td><td colspan="4"></td><td colspan="4">本期应付款（=1.2.1−2.5）</td><td></td></tr>
<tr><td>工程形象进度</td><td colspan="11"></td></tr>
<tr><td colspan="12">造价咨询单位付款建议：

造价咨询单位：
项目经理：　　　　　　　　日期：</td></tr>
<tr><td colspan="12">项目管理单位付款建议：

全过程咨询单位：
项目经理：　　　　　　　　日期：</td></tr>
<tr><td colspan="12">建设单位审核意见：

建设单位（章）：
负责人：　　　　　　　　日期：</td></tr>
</table>

注：变更签证款一般情况下在竣工时一并结算。

表 10：工程款支付证书

工程款支付证书

工程名称：　　　　　　　　　　　　　　　　　　　承发包合同编号：

致：____________________________

根据施工合同的规定，经审核承包商的付款申请和报表，并扣除有关款项，同意本期应支付工程款共（大写）____（小写：____________）。请业主据此按合同规定及时支付工程进度款。

其中：

1．承包商申报款：

2．经审核承包商应得款：

3．本期应扣款：

4．本期应付款：

表 11：索赔审批程序表

索赔审批程序表

项目名称： 合同编号：

编号：
范围：
理由：
监理单位意见： 签字： 日期：
造价咨询单位意见： 签字： 日期：
项目管理单位意见： 签字： 日期：
建设单位意见： 签字： 日期：
与本索赔相关文件：

表 12：索赔审批表

索赔审批表

项目名称：____ 合同号：

致：___________________________（承包商）

根据施工合同条款_____________条的规定，你方提出的_______________费用索赔申请（第　号），索赔金额____________元，经我方审核评估：

1．不同意此项索赔。
2．同意此项索赔，金额为（大写）：____________
同意/不同意索赔的理由：

索赔金额的计算方式：

表 13：工程结算审核程序表

工程结算审核程序表

项目名称：　　　　　　　　　　　　　　　　合同编号：

编号：
范围：
监理单位意见： 签字：　　　　日期：
造价咨询单位意见： 签字：　　　　日期：
项目管理单位意见： 签字：　　　　日期：
建设单位意见： 签字：　　　　日期：

表 14：结算审核确认表

结算审核确认表

项目名称：　　　　　　　　　　　　　　　　　　　　　合同编号：

<table>
<tr><td colspan="4">工程范围：</td></tr>
<tr><td>送审金额</td><td>审增金额</td><td>审减金额</td><td>审核金额</td></tr>
<tr><td></td><td></td><td></td><td></td></tr>
<tr><td colspan="4">施工单位盖章：
经办人签字：
负责人签字：
年　月　日</td></tr>
<tr><td colspan="4">监理单位意见及盖章：
年　月　日</td></tr>
<tr><td colspan="4">项目管理单位意见及盖章：
年　月　日</td></tr>
<tr><td colspan="4">建设单位意见及盖章：
年　月　日</td></tr>
</table>

造价咨询单位（盖章）：　　　　　　审核人：　　　　　　复核人：

乌梁素海流域山水林田湖草生态保护修复试点工程造价管理实施细则

WLSH1-PM02-TJEC-011

1　总则

1.1　编制依据

- 《乌梁素海流域山水林田湖草生态保护修复试点工程实施方案》（以下简称《实施方案》）。
- 《乌梁素海流域山水林田湖草生态保护修复试点工程投资管理办法》。
- 《建设项目工程总承包合同》（GF-2017—0216）。

1.2　编制目的

为便于工程造价管理，统一编制内容和格式，合理安排工程进度款的支付，有效进行成本控制，为造价分析提供依据，特制定本实施细则。

1.3　适用范围

本实施细则适用于乌梁素海流域山水林田湖草生态保护修复试点工程造价管理的相关工作。

1.4　总体原则

- 设计执行限额设计。设计单位设计时严格按照《实施方案》确定的投资和规模进行限额设计。
- 概算不超估算、预算不超概算的原则。承包人编制的预算严格按照合同要求进行编制。

2 实施细则

2.1 估算、概算编制、审核

- 估算、概算编制范围严格依据《实施方案》进行，严谨超出《实施方案》确定的工程投资和规模。
- 估算、概算采用审核方式。设计单位编制完成，须报送全过程咨询单位审核，审核完后再报政府行政部门办理审批手续。
- 估算、概算编制依据的定额。依据各个项目的实际专业进行选择，并在编制说明中明确。
- 其他费（独立费）计算要求。其他费（独立费）严格按照各个专业定额编制规定确定的费用构成计取，编制规定罗列的其他费名目，有发生的都必须计取，不得少算、不得漏算。其中，根据本试点工程的实际情况，对建设单位管理费、造价咨询费等细目，要求按以下的要求执行：

（1）考虑到试点工程的实际情况，根据国家发展和改革委员会、住房和城乡建设部《关于推进全过程工程咨询服务发展的指导意见》（发改投资规〔2019〕515 号）的规定，全过程工程咨询管理费结合并列支在建设单位管理费中，建设单位管理费按各个专业定额编制规定费率确定的上限计取；

（2）矿山专业项目的建设单位管理费：要求按照财政部《基本建设项目建设成本管理规定》（财建〔2016〕504 号）的规定执行；

（3）造价咨询费按不低于 0.2%费率计取；

- 苗木管护费要求单列，并按 3 年计取（前 2 年和第 3 年分开列支）。
- 预备费计取要求。概算、估算按照 5%计算，不计算价差预备费。
- 建设期利息计算。要求按照每个项目的贷款本金计算建设期利息，建设期按 1.5 年计算。
- 造价编制软件要求。为了统一格式，造价编制的软件品牌如下表。

专业	造价编制软件品牌	备注
公路专业	纵横	—
水利专业	智多星	—
矿山专业	智多星	—
市政、房屋建筑	广联达	2017 年内蒙古定额
土地开发整理	智多星	土地占补平衡项目

2.2 预算

- 预算采用审批方式。施工费、设计勘察费在完成施工图审查后，分别报预算书，经建设单位、全过程咨询单位审批确认。
- 预算书未经业主审批的，不得进行进度款的拨付。
- 预算书要求根据《工程总承包合同》的要求进行编制，预算书内容参照估算、概算的要求，必须包括其他费（独立费）、预备费、建设期利息。预算书中的施工费、勘察设计费编制要求分别根据相关专业定额和相关收费标准进行详细计算，并提供计算过程资料。
- 预备费计取要求。预算阶段按照3%计算，不计价差预备费。

2.3 变更

- 变更采用审批方式。变更项目根据变更程序完成审批后，尽快提交变更费用审批。
- 变更费用计算的范围。施工内容、设计勘察内容涉及与预算书内容不符的，要求按变更程序进行审批，并提交变更费用资料，费用计算范畴与预算书一致，但不计算其他费、预备费和建设期利息。
- 变更费用未经业主审批，不得进行进度款拨付申请。

2.4 进度款

- 进度款计算和审批依据。进度款计算和审批依据经业主批准的预算书。
- 进度款审批。先采用项目信息平台审批的方式，由承包人在项目信息平台输入当月完成工作量，分部总监、分部经理和项目管理部造价管理部门进行线上审核。工作量核对完成后，由承包人打印走线下审批程序。在信息平台投入使用之前，进度款审批暂时走线下。
- 进度款审批流程。承包人编制《工程量统计报表》（附表 5-1）和《合同进度用款审核表》，全过程咨询单位（工程监理机构）分部总监负责工程量复核，全过程咨询单位（项目管理部）分部经理负责支付金额的复核，全过程咨询单位（项目管理部）造价管理部门负责预付款抵扣、质量保证金、罚款和合同规定其他金额的扣减，项目总监、项目经理审核，建设单位、市政府有关部门审批批准，具体流程见附表 6。
- 进度款计量依据施工图纸。质量验收不合格、报验资料不全，或与合同文件约定不符的分项工程不得计量。

2.5 结算

结算依据。根据施工图预算和变更进行竣工结算。

3 其他

3.1 全过程咨询单位造价审核结果方式

全过程咨询单位对估算、概算审核，以《造价工作联系单》形式进行提出审核意见，承包人对《造价工作联系单》的内容要求逐一反馈、存档。

3.2 造价审核协调会

每次协调会，全过程咨询单位提前一天将会议通知发送各相关单位，明确会议议程和内容，各参加单位准备相关材料；会议签到表和会议纪要由全过程咨询单位负责，会议完成后相关资料进行存档。

3.3 造价成果文件存档

每个项目概算、预算、变更的造价成果，须将软件专业版成果文件报全过程咨询单位存档，以便审计使用。

附表 1：

工程款支付证书（施工费格式）

工程名称：　　　　　　　　　　　　　　　　　　　　　　　　　编号：

<table>
<tr><td>致：________________________________（项目监理机构）
根据工程总承包合同约定，经审核编号为______________工程款支付报审表，扣除有关款项后，同意支付工程款共计（大写）________________________________
（小写：　　　　）。
其中：
1．承包人申报款为：
2．经审核承包人应得款：
3．本期应扣款为：
4．本期应付款为：

附件：工程款支付报审表及附件</td></tr>
<tr><td>分部监理：（签字、盖章）
年　　月　　日</td></tr>
<tr><td>分部项目经理：（签字、盖章）
年　　月　　日</td></tr>
<tr><td>项目总监：（签字、盖章）
年　　月　　日</td></tr>
</table>

附表 2-1：

工程款支付报审表（施工费格式）

工程名称： 编号：

致：______________________________（项目监理机构） 根据工程总承包合同约定，我方已完__________工作，建设单位应在_____年____月____日前支付工程款共计（大写）____________________（小写：____________________） 请予以审核。 附件： □已完成工程量报表 □工程竣工结算证明资料 □相应支持性证明文件 项目经理部（盖章）： 项目经理（签字） 年 月 日
分部监理意见： 附：《进度款支付报表审核程序表》 签字、盖章： 日期：
分部项目经理意见： 签字、盖章： 日期：
项目总监意见： 1. 承包人应得款为： 2. 本期应扣款为： 3. 本期应付款为： 附件：《工程项目阶段（节点）进度款付款建议表》 签字、盖章： 日期：
项目管理单位意见： 签字、盖章： 日期：
建设单位付款意见： 签字、盖章： 日期：

附表 2-2：

工程款支付报审表（勘察设计费格式）

工程名称： 编号：

<table>
<tr><td>致：________________________________（项目监理机构）
根据工程总承包合同约定，我方已完________工作，建设单位应在____年___月___日前支付工程款共计（大写）________________（小写：__________）
请予以审核。

附件：
□已完成工程量报表
□工程竣工结算证明资料
□相应支持性证明文件

项目经理部（盖章）：
项目经理（签字） 年 月 日</td></tr>
<tr><td>项目管理单位设计部负责人意见：

1. 承包人应得款为：
2. 本期应扣款为：
3. 本期应付款为：
附件：《工程项目阶段（节点）进度款付款建议表》
《进度款支付报表审核程序表》

签字、盖章： 日期：</td></tr>
<tr><td>项目管理单位意见：

签字、盖章： 日期：</td></tr>
<tr><td>建设单位付款意见：

签字、盖章： 日期：</td></tr>
</table>

附表 3：

工程项目阶段（节点）进度付款建议表

工程名称：　　　　　　　　　　　　　　　　　　　　编号：

<table>
<tr><td colspan="2">预算价</td><td></td><td colspan="4">本　期</td><td colspan="4">累　计</td></tr>
<tr><td colspan="2">预付款</td><td></td><td>合计</td><td></td><td></td><td></td><td>合计</td><td></td><td></td><td></td></tr>
<tr><td rowspan="6">工
作
量</td><td rowspan="3">上
报
数</td><td>合同进度款 ①</td><td></td><td></td><td></td><td></td><td></td><td></td><td></td><td></td></tr>
<tr><td>变更进度款 ②</td><td></td><td></td><td></td><td></td><td></td><td></td><td></td><td></td></tr>
<tr><td>上报小计 ③</td><td></td><td></td><td></td><td></td><td></td><td></td><td></td><td></td></tr>
<tr><td rowspan="3">审
定
数</td><td>合同进度款 ④</td><td></td><td></td><td></td><td></td><td></td><td></td><td></td><td></td></tr>
<tr><td>变更进度款 ⑤</td><td></td><td></td><td></td><td></td><td></td><td></td><td></td><td></td></tr>
<tr><td>审定小计 ⑥</td><td></td><td></td><td></td><td></td><td></td><td></td><td></td><td></td></tr>
<tr><td rowspan="5">抵
扣
款</td><td colspan="2">预付款抵扣 ⑦</td><td colspan="4"></td><td colspan="4"></td></tr>
<tr><td colspan="2">保留金 ⑧</td><td colspan="4"></td><td colspan="4"></td></tr>
<tr><td colspan="2">违约罚款 ⑨</td><td colspan="4"></td><td colspan="4"></td></tr>
<tr><td colspan="2">奖励 ⑩</td><td colspan="4"></td><td colspan="4"></td></tr>
<tr><td colspan="2">抵扣小计⑪</td><td colspan="4"></td><td colspan="4"></td></tr>
<tr><td colspan="3">竣工结算前最高付款额（预算价×90%）</td><td colspan="3"></td><td colspan="4">本期应付款（=⑥-⑪）</td><td></td></tr>
<tr><td colspan="2">工程
形象
进度</td><td colspan="9"></td></tr>
<tr><td colspan="11">项目管理单位造价咨询部门付款建议：

（根据《进度款支付报表审核程序表》计算违约罚款，以及《工程总承包合同》规定的预付款抵扣、进度款保留金等计算）

</td></tr>
</table>

附表 4-1：

进度款支付报表审核程序表（施工费格式）

<table>
<tr><td>工程名称</td><td></td><td>编号</td><td></td></tr>
<tr><td colspan="4">范围：</td></tr>
<tr><td colspan="4">分部监理审核意见：
（签署需要的扣款、罚款等意见）
签字：　　　　日期：</td></tr>
<tr><td colspan="4">分部项目经理审核意见：
（签署需要的扣款、罚款等意见）
签字：　　　　日期：</td></tr>
<tr><td colspan="4">项目管理单位总部各职能部门审核意见：
（1. 各职能部门签署需要的扣款、罚款等意见；2. 造价管理部门负责预付款抵扣、保留金、进度款支付比例等计算）
签字：　　　　日期：</td></tr>
</table>

注：本表由各提出单位填写，按顺序填写意见，并注明时间要求。

附表 4-2：

进度款支付报表审核程序表（勘察设计费格式）

<table>
<tr><td>工程名称</td><td></td><td>编号</td><td></td></tr>
<tr><td colspan="4">范围：</td></tr>
<tr><td colspan="4">项目管理单位设计部负责人审核意见：

（1. 各职能部门签署需要的扣款、罚款等意见；2. 造价管理部门负责预付款抵扣、保留金、进度款支付比例等计算）

签字：　　　　日期：</td></tr>
</table>

注：本表由各提出单位填写，按顺序填写意见，并注明时间要求。

附表 5-1：

乌梁素海流域山水林田湖草生态保护修复试点工程
工程量统计报表（施工费格式）

（第 期）

项目名称：______________________________

承 包 人：______________ 全过程咨询单位：（分部名称）

项目经理：______________ 分部项目经理：__________

编制时间：______年______月______日

编制说明

1．合同款项统计清单。

项目		金额（万元）
本期	承包人申报	
	监理机构审核	
累计完成工作量		
累计支付款项		

2．其他说明；

3．根据项目实际情况可以增加附表。

_____________________________________工程

______年______月工程量统计报表

序号	项目名称	单位	合同			承包人申报		监理机构复核					备注
			工程量	综合单价	合同价	本期完成		本期完成		至本期累计			
						工程量	合价	工程量	合价	工程量	合价	形象进度/%	
	（预算清单）												
	（工程变更，若有）												
	合计												

项目经理：　　　　　　　　　　　　　　　　　　总监理工程师：

附表 5-2：

乌梁素海流域山水林田湖草生态保护修复试点工程
工程量统计报表（勘察设计费格式）

（第　　期）

项目名称：____

承 包 人：____________________　全过程咨询单位：____________________

项目经理：____________________　设计部负责人：____________________

编制时间：_____年_____月_____日

编制说明

1．合同款项统计清单。

项目		金额（万元）
本期	承包人申报	
累计完成工作量		
累计支付款项		

2．其他说明；

3．根据项目实际情况可以增加附表。

______________________________工程

______年_____月工作量统计报表

序号	款项名称	单位	合同价	累计已付款项	累计已付款项百分比（%）	本次申请款项	本次申请款项百分比（%）	备注
	（预算清单）							
	（工程变更，若有）							
	合计							

勘察设计院负责人：　　　　　　　　　　　　设计部负责人：

附表 6：

进度款审批流程表

EPC总承包单位
分部总监
分部经理
造价管理部门
总监
全过程咨询单位
建设单位
市政府有关部门

编制《工程量统计报表》《工程款支付报审表》

1. 审核合格分项的工程量，并在《工程量统计报表》《工程款支付报审表》上签字、盖章；2. 编制《进度款支付报表审核程序表》签署罚款等意见

同意

1. 审核工程价款，并在《工程量统计报表》（封面）、《工程款支付报审表》上签字、盖章；2. 《进度款支付报表审核程序表》签署罚款等意见

同意

根据预算、合同复核工程价款，根据《进度款支付报表审核程序表》和绩效考核计算抵扣款，并签发《工程项目阶段（节点）进度付款建议表》

同意

项目总监审核，《工程款支付报审表》签字、盖章

同意

项目经理审核，《合同进度用款审核表》签字、盖章

同意

批准，《合同进度用款审核表》签字、盖章

签发请求拨付进度款证明文件和《乌梁素海流域山水林田湖草生态保护修复试点工程拨款审批表》

向市政府提交拨付进度款的请示，并在《乌梁素海流域山水林田湖草生态保护修复试点工程拨款审批表》上签字、盖章

市政府分管领导签字、盖章，市财政部门签字盖章

签发《工程款支付证书》

开具发票和转账手续

《内蒙古乌梁素海流域投资建设有限公司付款审批单》

附表 7：

乌梁素海流域山水林田湖草生态保护修复试点工程拨款审批表

单位：万元

<table>
<tr><td colspan="2">项目资金申请单位（盖章）</td><td colspan="3"></td><td>法人代表</td><td colspan="2"></td></tr>
<tr><td colspan="2">项目名称</td><td colspan="3"></td><td>计划总投资</td><td colspan="2"></td></tr>
<tr><td colspan="2">项目建设地点</td><td colspan="2"></td><td>实施期限</td><td colspan="3"></td></tr>
<tr><td colspan="2">项目计划批复文件号</td><td colspan="2"></td><td>资金预算文件号</td><td colspan="3">（不填）</td></tr>
<tr><td colspan="2">补助资金总额</td><td></td><td>累计拨付金额</td><td></td><td colspan="2">本次申请金额</td><td></td></tr>
<tr><td colspan="2">收款单位</td><td colspan="2"></td><td>开户银行及账号</td><td colspan="3"></td></tr>
<tr><td colspan="2">申请单位联系人及电话</td><td colspan="2"></td><td>项目施工单位</td><td colspan="3"></td></tr>
<tr><td rowspan="2">申请理由</td><td>项目计划建设任务（计划建设内容、规模等）</td><td colspan="6"></td></tr>
<tr><td>项目实施完成情况（建设内容、投资情况、建设进度等）</td><td colspan="6"></td></tr>
<tr><td colspan="2">项目监理意见</td><td colspan="6">本单位对该项目的建设内容、实施进度的真实性、准确性和完整性负责，经审核：

经办人：　负责人：　（公章）　年　月　日</td></tr>
<tr><td colspan="2">全过程咨询公司意见</td><td colspan="6">本单位对该项目的建设内容、实施进度的真实性、准确性和完整性负责，经审核：

经办人：　负责人：　（公章）　年　月　日</td></tr>
<tr><td colspan="2">项目实施单位意见</td><td colspan="6">本单位对该项目的建设内容、实施进度的真实性、准确性和完整性负责，经审核：

经办人：　负责人：　（公章）　年　月　日</td></tr>
</table>

旗、县、区政府或项目主管单位（或授权单位意见）	本单位对该项目的建设内容、实施进度的真实性、准确性和完整性负责，经审核： 经办人： 负责人： （公章） 年 月 日
财政部门办理意见	经办人： 分管领导： 主要领导： 年 月 日
市政府分管项目领导意见	负责人： 年 月 日
市政府分管财政领导意见	负责人： 年 月 日

附表 8：

××单位关于拨付
××项目资金的请示（参考格式）

市政府：

（项目基本情况）××项目于 201____年____月____日经发展改革委等相关部门立项（文件名称和文件号），建设期限为______________。项目总投资_________万元，其中：中央________万元，自治区万元，县______万元，自筹_______万元。工程于____年____月____日招投标，中标价_______万元。

（项目完成或进展情况）该项目于____年____月____日开工，已完成______建设内容，投资____万元，完成总工程量的_____%，完成年度绩效目标情况________。

（资金来源及拨付金额申请）该项目下达资金___________万元（文件名称和文件号），累计已拨付万元，根据工程进度，特申请拨付建设资金_____万元。

内蒙古淖尔开源实业有限公司

年　月　日

附表 9：

XX 监理有限公司
关于 XX 项目工程进度的证明（参考格式）

××项目由××公司承建，我公司负责项目监理工作，工程总投资＿＿＿＿＿＿万元，建设内容，目前已完成＿＿＿＿＿＿＿＿内容（与建设内容相对应），累计已完成投资＿＿＿＿万元，其中主体建筑安装工程完成投资＿＿＿＿万元，完成工程量的＿＿＿%。工程符合项目设计的质量要求。

附：工程进度计算表

上海同济工程咨询有限公司（公章）
项目监理负责人（签字）
年　　月　　日

附件 10：

工程款项支付证书（SPV 公司格式）

工程名称：乌梁素海流域山水林田湖草生态保护修复试点工程

合同编号：

<table>
<tr><td colspan="5">根据施工合同____14.4 条工程进度款____约定，经审核施工单位：____________施工的乌梁素海流域山水林田湖草生态保护修复试点工程__付款申请。本次申请工程进度款为：________整（____元）。同意本次支付____第____期____工程进度款为：________元整（______元）。计算公式：/______元。

注：工程累计进度款：____元（发票金额），累计已支付金额：____元，未支付金额：__0__元。</td></tr>
<tr><td rowspan="2">全过程咨询公司</td><td>公司名称</td><td></td><td>经办人</td><td></td></tr>
<tr><td>部门负责人</td><td></td><td>项目负责人</td><td></td></tr>
<tr><td rowspan="2">付款单位</td><td>公司名称</td><td></td><td>经办人</td><td></td></tr>
<tr><td>财务负责人</td><td></td><td>董事长（总经理）</td><td></td></tr>
</table>

备注：申请支付款项时，需附相关工程进度报告及相应工程量验收报告等资料。

附表 11：

内蒙古乌梁素海流域投资建设有限公司

付款审批单（SPV 公司格式）

合同编号			合同总额	万元
申请付款部门			申请日期	年 月 日
应付单位全称				
应付款项性质	□应付账款 □预付账款 □其他			
本次付款情况说明				
本次付款额	大 写：________ ￥：________万元			
开户银行	内蒙古乌拉特农村商业银行股份有限公司红旗支行			
账　号				
经办人			分管领导	
付款方式	□现金 □转账支票 □银行转账		财务负责人	
	□电汇 □银行承兑 □商业承兑		董事长或被授权人	

乌梁素海流域山水林田湖草生态保护修复工程
安全文明与环境管理办法

WLSH1-PM02-TJEC-012

1 总则

1.1 编制依据

- 《中华人民共和国安全生产法》。
- 《中华人民共和国环境保护法》。

1.2 编制目的

为加强、规范乌梁素海流域山水林田湖草生态保护修复工程（以下简称“本工程”）施工现场的安全文明与环境管理，切实保障项目施工安全，创建文明施工、环境保护的目标，确保施工现场无安全事故发生，特制定本管理办法。

1.3 适用范围

凡从事本工程建设的参建单位，都必须执行本管理办法，同时依据《中华人民共和国安全生产法》等现行的国家工程安全生产与环境管理的法律、法规开展工作，并接受政府安全生产与环境管理主管部门的监督管理。

2 安全文明环境管理责任制

2.1 安全保证体系

- 本工程安全、环境管理以“安全第一，预防为主，综合治理”的方针，强化参建单位的安全、环境管理责任制，确保工程安全、环境管理目标。
- 建立健全各参建单位安全保证体系，设置专职安全主管和专职安全员，按照安全管理程序、层级开展工作。

- 本管理办法执行“管生产必须管安全”和“谁主管、谁负责”的原则，分工明确，责任到人。
- 各参建单位负责人为本工程安全、环境管理第一责任人，对安全、环境管理负全面责任。
- 严格执行上级政府和管理部门有关安全生产的方针、政策、法律、法规和制度，以及建设单位的有关规章制度；加强对参建单位内部员工的安全教育培训，接受上级部门的安全考核监督。
- 本工程配套建设的环境保护设施，必须与主体工程同时设计、同时施工、同时投产使用。

2.2 各单位职责

1）建设单位管理职责

- 核查各参建单位编制工程安全事故应急预案，组织应对突发事件。
- 参加、指导施工现场定期、不定期召开的安全管理会议和安全生产检查。
- 审阅参建单位安全报告。
- 配合、协调和参与审计、纪检、安全部门、安全监督部门对施工安全管理的检查、指导。

2）全过程咨询单位（项目管理部）职责

- 监督、检查工程监理机构和EPC总承包单位的安全生产监管体系、安全管理人员配备、安全文档建立。
- 负责现场安全施工的检查监督和协调工作。
- 负责监督EPC总承包单位组织、协调超过一定规模的危险性较大的分部分项工程安全专项设计，督促EPC总承包单位编制安全专项方案。
- 监督定期安全检查、不定期安全抽查、季节检查和对口交流检查，监督安全问题的整改。
- 监督EPC总承包单位制定现场安全文明施工管理规定。
- 负责编制和报告安全生产和管理工作汇报。
- 监督各参建单位编制工程安全事故应急预案，协助应对突发事件。
- 负责现场工程安全事务的协调工作。
- 监督协调安全工作专题会议的落实。
- 参与施工、工程监理机构组织的定期安全例会和安全检查。
- 负责办理安全监督手续。

- 配合审计、纪检监察部门、安全监督部门的监督工作。
- 完成建设单位交办的其他相关工作。

3）全过程咨询单位（工程监理机构）职责

- 负责现场安全施工的监督、日常检查。
- 负责建立工程监理安全管理体系、安全管理人员配备、安全文档建立。
- 负责监督、检查、指导 EPC 总承包单位建立安全生产管理体系、安全管理人员配备、安全文档建立。
- 负责审核 EPC 总承包单位安全专项施工方案。
- 组织定期、不定期召开安全工作专题会议，监督和检查安全整改的落实。
- 协助组织和参与定期安全检查、不定期安全抽查、季节检查和对口交流检查。
- 协助和参与由建设单位组织的定期检查和评比工作。
- 检查和落实安全质量问题的整改。
- 定期编制安全生产管理工作报告。
- 监督指导施工单位编制工程安全事故应急预案，协助应对突发事件。
- 配合审计、纪检监察部门的监督工作。
- 完成建设单位交办的其他相关工作。

4）EPC 总承包单位职责

- 应按照法律、法规和工程建设强制性标准进行设计，防止因设计不合理导致生产安全事故的发生。
- 应当考虑施工安全操作和防护的需要，对涉及施工安全的重点部位和环节在设计文件中注明，并在设计中提出保障施工作业人员安全和预防生产安全事故的指导意见和措施建议。
- 负责建立健全安全生产责任制和安全生产管理体系、配备安全管理人员、建立安全文档，并投入合理资源，持续改进。
- 负责监督项目经理在关键工序、节点带班管理，专职安全员全职在岗。
- 负责落实安全文明措施费按照计划投入，确保专款专用，安全产品合格，分发、管理到位。
- 认真贯彻执行国家和地方的有关安全生产的方针、政策、法令、法规。
- 制定并组织实施项目安全计划，编制切实可行的安全施工方案，落实三级教育和安全交底，加强作业人员进出场管理。
- 及时高效解决安全生产、文明施工及环境保护中存在的问题。
- 加强重大危险源管理，并采取公示、交底、措施、检查等管理手段做好现场管控工作，避免安全事故发生。

- 专职安全人员深入现场检查安全施工情况，掌握安全动态，制止违章作业和违章指挥。
- 参加定期、不定期召开的安全工作专题会议，对于安全文明施工的整改问题，要落实责任人，按期整改回复，申请复查。
- 参加定期安全检查、不定期安全抽查、季节检查和对口交流检查。
- 定期编制安全生产管理工作报告。
- 建立施工单位安全事故应急预案制度，编制工程安全事故应急预案，应对突发事件。
- 办理各项安全设施、设备安全检查、备案、申报工作。
- 积极配合现场工程安全事务的协调工作。
- 负责签订建设单位制定的各项管理协议，配合建设单位、全过程咨询单位安全管理工作。
- 落实政府相关部门的检查指导意见，督促整改到位。
- 完成其他安全文明生产及管理、配合工作。

2.3 责任目标

参建单位必须建立安全生产目标责任制，每个年度由参建单位负责人与各职能部门和个人签订安全责任状。具体责任目标：死亡事故为零、环境事故为零、火灾事故为零、车辆事故为零。

2.4 实施部门

安全文明施工管理工作的实施部门为 EPC 总承包单位。管控部门为工程监理机构，全过程咨询单位进行协助、督促、检查、指导、评比。

3 安全文明、环保管理流程

- 在施工准备阶段，全过程咨询单位（项目管理部）督促全过程咨询单位（工程监理机构）对 EPC 总承包单位提交的施工组织设计及安全专项方案、安全应急预案进行审查审批。
- 全过程咨询单位（工程监理机构）对安全专项方案进行审批，全过程咨询单位（项目管理部）及建设单位根据审批通过的安全专项方案进行督促、检查和备案。
- 全过程咨询单位（项目管理部）监督施工单位建立安全生产监管体系和按要求配备合格的安全管理专职人员，并检查 EPC 总承包单位安全生产组织体系和安全管理人员的配备，提出整改意见；全过程咨询单位（工程监理机构）跟踪 EPC 总承包单位整改，直到其安全生产监督、组织体系和安全管理人员配备达到要求。

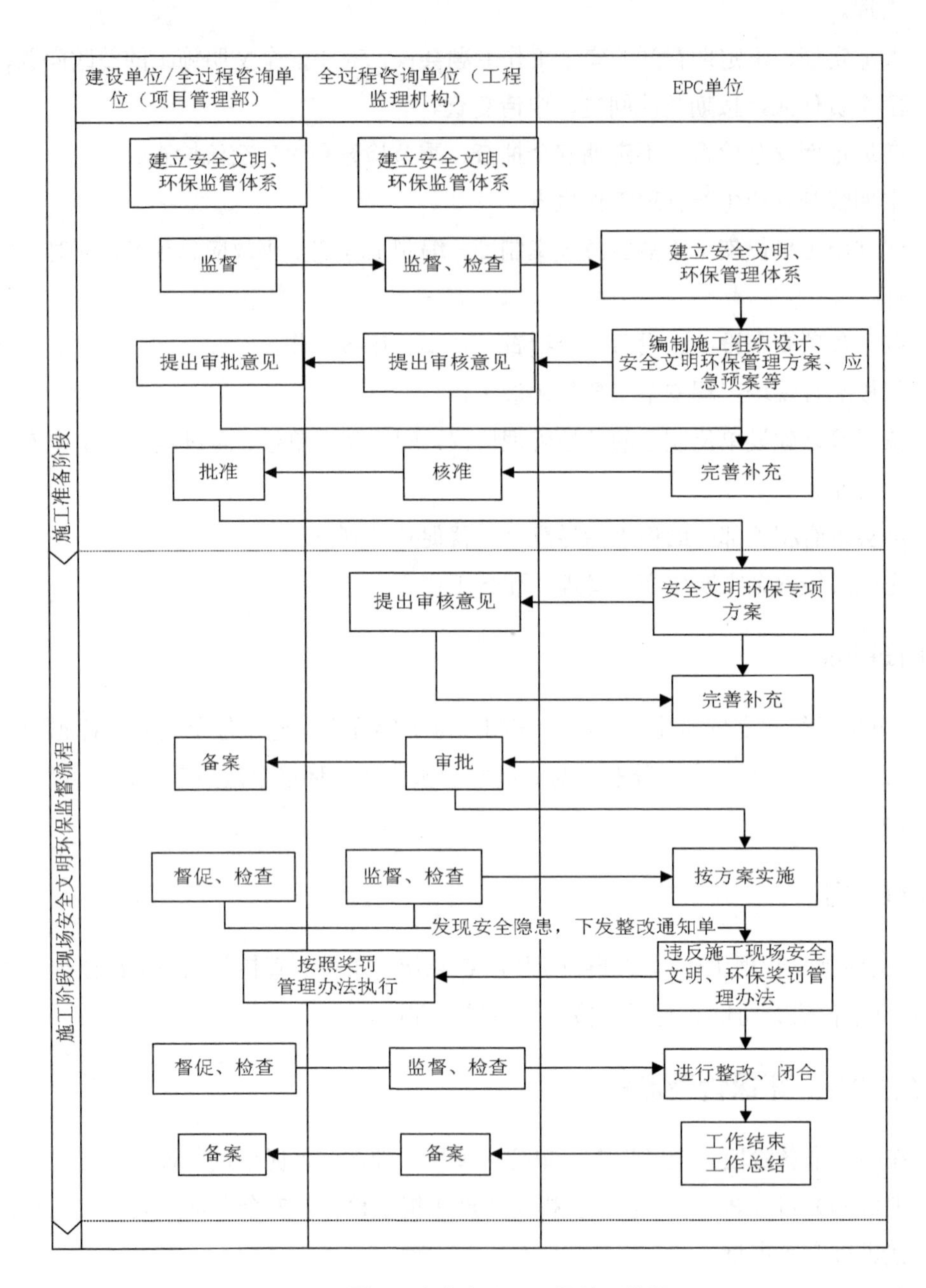

图 1　安全文明、环保管理流程

4 安全文明管理制度

4.1 定期、不定期检查制度

- 全过程咨询单位（项目管理部）定期组织以 EPC 总承包单位为主体、全过程咨询单位（工程监理机构）为主导的施工现场安全大检查。检查组人员由全过程咨询单位（项目管理部）牵头，参建单位和其他职能部门相关人员参加，组织 EPC 总承包单位有关负责人、全过程咨询单位（工程监理机构）总监和安全监理工程师，必要时，邀请设计人员，对安全管理、“三宝”“四口”“五临边”及施工用电、井字架、塔吊、施工机械等进行全面大检查。做好检查与总结相结合、检查与评比相结合、检查与奖罚相结合、检查与整改相结合的工作。如发现安全隐患或安全问题由全过程咨询单位（工程监理机构）立即通知 EPC 总承包单位整改，必要时经建设单位以及全过程咨询单位（项目管理部）同意由全过程咨询单位（工程监理机构）下令停工整改，整改并复查合格后方准复工。
- 全过程咨询单位（项目管理部）不定期地采用巡视、抽查的方式，对 EPC 总承包单位的安全管理工作、工程实体等进行检查，对发现安全隐患或安全管理存在的缺陷，督促全过程咨询单位（工程监理机构）下发整改通知单，必要时全过程咨询单位（项目管理部）可直接对 EPC 总承包单位和全过程咨询单位（工程监理机构）下发指令，强制达到隐患和管理缺陷整改的落实。

4.2 危险源跟踪制度

项目各参建单位在分部分项施工前，要建立危险源清单和治理方案，在“三级教育”和专项方案中集中体现，并建立现场危险源公示牌，明确危险源种类、措施、应急和安全负责人。全过程咨询单位（工程监理机构）负责审核危险源清单和预防治措施，全过程咨询单位（项目管理部）做好危险源信息收集、分类、分级和预警，并监督全过程咨询单位（工程监理机构）做好日常排查、清单登记、消除、落实情况，追踪直至闭合。

4.3 安全卫生环境日报和安全巡视检查表制度

实行周报和巡查表报告制度，并将问题落实到追踪清单中，列入专项检查，并按照《现场施工安全文明施工奖罚管理办法》实行奖罚。

4.4 安全事故“一票否决制”

对属于安全事故“一票否决制”情形的，将由全过程咨询单位评议并提否决意见，建设单位审批后实施否决。建设单位下发安全否决单，执行具体措施，全过程咨询单位负责督办。

4.5 安全生产会议制度

1）会议制度

为了更好地传达上级单位及政府安全文件、安全工作会议精神，强化各参建单位的安全管理，更好地开展安全生产工作，本工程执行安全生产会议制度。

2）会议安排

全过程咨询单位（工程监理机构）每周组织一次安全生产会议（与每周监理例会一起召开），全过程咨询单位（项目管理部）每月召开一次由各参建单位参加的安全专题会议。

3）会议记录

会议应有记录，一会议一档，并载明开展日期、会议地点、参加人员、会议内容，年度设有会议汇总表。

5 安全与环境管理教育

为提高职工安全素质，防止伤亡事故发生，新职工上岗前必须进行三级安全教育及安全培训。各参建单位安全教育内容必须根据国家规范进行，具体由各参建单位主管负责人及职能部门负责。

6 安全与环境管理检查

6.1 安全检查

- 为了防止安全事故和环境问题的发生，本工程执行安全与环境管理检查制度，以便通过检查，及时发现隐患，保证安全事故与环境问题的零发生率。
- 各参建单位职能部门的相关负责人每天定期和不定期对现场进行安全与环境管理检查，对查出的隐患或薄弱环节应督促立即整改，不能马上整改的应发出整改书面通知书限期整改，并由专人负责跟踪落实。

6.2 检查内容

安全生产检查应做到“四查”，查思想（查职工的安全生产意识）、查纪律（重点查职工遵守劳动纪律的自觉程度）、查制度（重点查对各种安全生产规章制度和安全操作规程的认识及熟练程度）、查落实（重点查作业人员在生产中遵章守纪情况）。

6.3 问题整改

全过程咨询单位（项目管理部、工程监理机构）定期、不定期进行施工现场检查，对存在的问题采取措施进行限期整改；EPC 总承包单位必须积极配合安全检查、复查、整改，把安全隐患消灭在萌芽状态中。

7 项目管理禁令

1）事故报告

严禁任何单位或个人隐瞒各类事故或意外事件。无论发生任何事故或意外事件，都必须及时逐级汇报，确保各类事故或意外事件都能得到有效控制。

2）现场安全准入

未经项目安全入场培训的人员不得进入本工程建设现场工作。

3）毒品及酒的要求

严禁酗酒或吸毒人员进入施工现场，防止滥用类似药品和物质后产生的行为导致伤害自己或伤害他人，发现任何涉嫌此事的人将被驱出现场。

4）个人劳动保护用品

严禁未配备合适个人防护用品的人员进入施工现场。所有进入施工现场人员的个人防护用品都必须满足有关规定的要求，并接受个人防护用品使用和保养的培训。发现任何防护用品出现缺陷，立即停止使用并向其主管报告。

5）作业许可证

未办理作业许可证，严禁开展危险作业活动。危险作业包括进入有限空间作业、挖掘作业、高处作业、动火作业、交叉作业、大型吊装作业等。作业许可证中要描述作业内容和范围、可能的危害、需要采取的控制措施和指定负责人，以确保具备安全作业条件。

6）起吊作业

存在没有对起吊作业人员的资质进行检查，没有对起吊设备的合格证、起吊规程及起吊方案进行检查，没有对起吊设备的安全状况进行检查的情况，严禁进行起吊作业。

7）高处作业

未提供合适的防坠落保护设备，严禁在坠落高度 2 米以上的地方作业。

8）特种作业管理

未取得国家相关部门认可的资格证书的人员，严禁进行特种作业。

9）现场安全检查

所有进入现场的相关方必须建立安全检查制度，消除事故隐患。现场安全检查制度应侧重于规范现场总体平面布置、阶段性施工、安全工作环境、材料搬运和存储，以及现场施工人员的安全行为。

8 安全、环境的事故与隐患报告

8.1 报告制度

本工程的安全生产、环境保护管理。人人有责。职能部门、相关负责人和项目管理单位的所有职工，对本工程存在的安全与环境事故以及隐患问题，有权向项目管理部负责人进行书面或口头举报。

8.2 处理依据

本工程在发生安全与环境事故时，相关负责人按照国家现行有关法律法规以及制度进行处理。对本工程检查出的安全与环境问题隐患，责任人及时进行整改，并做好相关的内业资料记录，报相关部门进行检查。

9 奖罚制度

本管理办法将配套《现场施工安全文明奖罚管理办法》使用，并按照奖罚办法执行奖励和处罚。

乌梁素海流域山水林田湖草生态保护修复试点工程巡查督导管理办法

WLSH1-PM02-TJEC-013

1　总则

1.1　编制依据

- 乌梁素海流域山水林田湖草生态保护修复试点工程资料及管理规定。
- 《中华人民共和国建筑法》《建筑工程质量管理条例》《建设工程监理规范》《工程造价咨询企业管理办法》等有关国家和地方法律、法规、规章、规定、通知等。
- 招投标文件、合同文件及附件。
- 勘察文件、设计文件。
- 经批准的施工组织设计、专项施工方案、安全管理措施及方案。

1.2　编制目的

为加强项目参建方的各项工作符合相关法律、法规、规章制度的要求，符合建设任务目标和合同约定；督促各项工作的落实，巡查督导在管理过程中亟须解决的问题，从而提高工程项目管理工作的效率，为工程项目的建设保驾护航。

1.3　适用范围

本管理办法适用于乌梁素海流域山水林田湖草生态保护修复试点工程巡查督导管理有关的工作。

2　项目巡查督导

2.1　巡查督导组织机构机对象

1）组织机构

巡查督导组由全过程咨询单位的有关人员组成，临时设置一名组长负责，巡查督导组成员根据巡查督导需要选派相关人员组成，成员必须对检查对象和检查内容具有相关专业知识，并熟悉项目施工内容。

2）巡查督导对象

巡查督导对象为全过程咨询单位（工程监理机构）和EPC总承包单位。

2.2 巡查督导方式和时间

巡查督导组主要是针对施工现场内业、外业情况，包括资料完整性、合规性，质量，进度，投资，安全文明施工等情况，检查频次以月或季度为主。

2.3 巡查督导方案

1）方案的构成

根据该项目的特点、合同约定以及施工进度、工程质量、项目投资、安全文明施工等目标，本着“重大风险应控制、一般缺陷应整改、工作链条应清晰、问题解决应闭合”的原则进行巡查督导，方案包含人员、制度、程序、行为、文件等。

2）对EPC总承包单位巡查督导内容

- 在人员检查项目上，主要检查项目部班子成员情况、各专业人员配置情况，人员在岗情况，业务水平和管理能力情况，参加各种培训演练情况等。
- 在制度建设和执行力检查项目上，主要检查各项制度完备情况，张贴执行情况，岗位职责、质量保证体系和安全保证体系的建立健全情况；检查施工组织设计和专项方案的执行情况以及监理报验的执行情况，对建设单位和项目管理单位、监理单位下达指令的执行情况。
- 在程序管理上，对项目主要检查工序、分项、分部（子分部）验收程序，见证取样程序，质量管理程序和措施，进度管理程序和措施，安全文明施工管理程序和措施，台账管理程序，协调和文件管理程序等。
- 在外业实体和内业的检查上，对项目现场的实体质量进行分组、分专业抽查，并实测实量；对内业进行分组、分专业抽查，检查组检查后，召开巡查督导总结会议，提出存在的问题、整改的措施、整改的期限等事宜，并将检查结果向各参建单位进行通报。

3）对全过程咨询单位（工程监理机构）巡查督导内容

- 检查监理人员配备和到岗情况，检查监理报验程序、材料验收、隐蔽工程验收、见证取样程序情况，检查监理的旁站情况。
- 检查监理巡视、抽检、平行检查情况，检查过程资料审批、方案审批情况；检查监理日志和监理通知单下发及闭合情况。

- 检查召开监理例会和专题会议情况，对会议安排的事项落实解决情况。
- 在监理文件归档检查上，检查文件收集、整理、传递、归档保存等情况。
- 对监理的廉洁自律情况进行广泛了解和检查，发现有吃、拿、卡、要现象将严肃惩处。

2.4 巡查督导结果及处理

- 被检查对象应在 3 日内将整改情况专题汇报巡查督导组，特殊情况下整改时间经巡查督导小组同意可适当延长，但不得超过 7 个工作日。巡查督导小组接到整改专题汇报后应组织复查，复查结果应双方在复查通知单上签字，并将复查结果以文字、照片或录像附在复查通知单后，并将复查的情况通报各参建单位。
- 对限期不整改或整改不到位的单位，根据该项目的项目管理处罚条例进行处罚，绝不姑息。

3 附件

附件 1：检查项目通知单

附件 2：复查（结果）通知单

附件 1：检查项目通知单

检查项目通知单

项目名称：________________________________

检查单位：________________________________　　　　编号：_______________

<table>
<tr><td colspan="4">致：_______________
_____ 年___月___日检查小组在对你单位进行检查时发现，贵单位存在下列管理隐患，请你部按通知要求进行整改：
1.
2.
3.
4.
以上内容请你部于______ 年_____月____日前将整改情况反馈检查小组。

巡查督导组签名：
日期：　　　年　　月　　日</td></tr>
<tr><td>附件材料</td><td colspan="3">1 页（照片、文件及其他材料）</td></tr>
<tr><td>签收单位
负责人
意见</td><td></td><td>签收日期</td><td>年　　月　　日</td></tr>
</table>

抄送单位：

附件2：复查（结果）通知单

复查（结果）通知单

项目名称：____________________________

检查单位：____________________________　　　　　　编号：__________（复查）

<table>
<tr><td colspan="4">致：________________
_____年____月____日接到贵单位针对编号_______ 检查项目通知单的整改回复，经复核回复报告并在____年_____月____日组织现场复查，复查结论如下：
1.
2.
3.
4.

巡查督导组签名：
日期：　　年　　月　　日</td></tr>
<tr><td>附件材料</td><td colspan="3">1页（照片、文件及其他材料）</td></tr>
<tr><td>签收单位负责人意见</td><td></td><td>签收日期</td><td>年　　月　　日</td></tr>
</table>

乌梁素海流域山水林田湖草生态保护修复试点工程施工现场质量、安全奖罚管理办法

WLSH1-PM02-TJEC-014

1 总则

1.1 编制依据

乌梁素海流域山水林田湖草生态保护修复试点工程资料及管理规定。

1.2 编制目的

为了加强现场管控力度，切实抓好工程质量和安全文明施工管理工作，根据质量、安全文明管理办法，特制定本管理办法。

1.3 适用范围

本管理办法适用于乌梁素海流域山水林田湖草生态保护修复试点工程施工现场质量、安全奖罚管理的相关工作。

1.4 处罚原则

本办法特别针对如下行为进行处罚：

- 严重违反施工质量、安全文明施工管理规定的行为。
- 常见质量、安全文明问题，频繁出现可能引起较严重安全隐患却屡教不改的行为。
- 对管理要求置之不理、对隐患问题拒不整改甚至恶意捣乱的行为。

1.5 奖励原则

依照有罚有奖的原则，罚款所得将用于奖励质量、安全、进度等管理较好的施工单位。

2 奖惩执行和现金管理

- 建设单位、全过程咨询单位（项目管理部）、全过程咨询单位（工程监理机构）共同作出奖罚决定，全过程咨询单位（工程监理机构）以书面形式作出奖罚通知。
- 奖罚以现金形式进行。罚金以现金形式即日缴纳，逾期3日未缴纳或拒绝缴纳将3倍罚款金额从工程款内扣除。
- 奖罚现金由全过程咨询单位（项目管理部）记账；全过程咨询单位（工程监理机构）负责催缴，建设单位对现金收支建立专用账户。此款专款专用，每月公示。
- 奖罚现金账户必须在项目竣工验收前归零。

3 其他

本奖罚管理办法从发布之日起执行，解释权归建设单位。

附 1：施工质量罚款细目

序号	罚款行为	罚金
1	施工单位质量、安全保证体系不健全、岗位虚设、施工过程中脱节	5 000 元/次
2	未制定专项施工方案擅自施工，或不按审批的方案执行	5 000 元/次
3	未进行安全、技术交底或交底无签字、弄虚作假	3 000 元/次
4	未经验收、擅自进行下道工序施工	5 000 元/次
5	不按图纸施工、擅自更改工程设计	10 000 元/次
6	施工单位未经自检合格即报送监理工序验收	3 000 元/次
7	建筑物定位放线、标高超出规范要求，造成永久性缺陷	5 000 元/次
8	进场材料、构配件、设备不按规定报验擅自使用	10 000 元/次
9	现场施工擅自更换约定的品牌	10 000 元/次
10	施工单位野蛮施工、粗制滥造、偷工减料	10 000 元/次
11	应做材料见证取样的材料，但未进行材料见证取样施工的	10 000 元/次
12	方案（专项）应该进行专家评审，但没有做专家评审进行施工的	5 000 元/次
13	未执行强制性规范标准施工的	5 000 元/次
14	检查中所提出的质量、安全问题，未按期整改达到质量检验、安全要求	3 000 元/次
15	工序报验资料与工程进度不同步	3 000 元/次
16	特殊工种人员未持证上岗	3 000 元/人
17	对出现的质量、安全问题（隐患）屡教不改或拒绝整改	10 000 元/次
18	不服从建设单位、全过程咨询单位（项目管理部、工程监理机构）质量、安全整改指令的行为	10 000 元/次
19	不参加建设单位或全过程咨询单位（项目管理部、工程监理机构）组织召开的相关会议，不落实会议精神和指令的	5 000 元/次
20	在工程实体检查、检测中弄虚作假，欺骗全过程咨询单位（项目管理部、工程监理机构）、建设单位的行为	10 000 元/次
21	建设单位、全过程咨询单位（项目管理部、工程监理机构）认为应该罚款的其他施工质量问题	3 000～10 000 元/次

附 2：安全文明施工罚款细目

序号	罚款行为	罚金
1	未按规定配备专职安全员	5 000 元/次
2	不服从现场管理规定，对正常管理冲撞胡闹	5 000 元/次
3	施工车辆超出限速规定的 20%以上	3 000 元/（辆·次）
4	在易燃、易爆区域吸烟	5 000 元/人
5	工人上岗未进行三级安全教育	1 000 元/人
6	重大危险源施工期间，承包商项目经理不带班、专职安全员不在岗	5 000 元/人
7	用电不符合临时用电规范要求	500 元/处
8	项目经理、专职安全员不参加安全会议、安全检查	5 000 元/次
9	高空作业未正确使用安全带	1 000 元/人
10	进入施工现场未正确佩戴安全帽	500 元/人
11	施工管理人员忽视安全管理规定，强令工人施工	5 000 元/次
12	劳动保护用品（安全设施）不合格	500 元/人 （1 000 元/处）
13	起重吊装作业未设信号工或监护人员	5 000 元/人
14	洞口临边未进行有效防护	1 000 元/处
15	在易燃易爆危险品、有毒气液体储存、使用区域，未按安全、消防规定配置措施，未按规程安全使用	5 000 元/次
16	动火作业不符合规定	1 000 元/次
17	擅自拆除、破坏安全设施	5 000 元/起
18	未定期清理施工、生活垃圾外运至指定地点，生产生活污水未组织排放	1 000 元/起
19	材料堆放应符合总平面图，不得阻碍正常生产和安全通道畅通	1 000 元/起
20	食堂未办理卫生许可，从业人员未持健康证	500 元/起
21	施工现场和临时便道未设安全警示标志	1 000 元/处
22	施工用挖掘机、推土机、装载机等机械未在安全环境下作业	5 000 元/台
23	施工现场土方、堆放的材料杂乱无章	3 000 元/次
24	建设单位、全过程咨询单位（项目管理部、工程监理机构）认为应该罚款的其他安全文明问题	500～5 000 元/次

乌梁素海流域山水林田湖草生态保护修复试点工程进度、协调奖惩管理办法

WLSH1-PM02-TJEC-015

1 总则

1.1 编制依据

- 《乌梁素海流域山水林田湖草生态保护修复试点工程实施方案》。
- 建设单位对乌梁素海流域山水林田湖草生态保护修复试点工程（以下简称“试点工程”）工作的实施计划要求。
- 其他有关协议、规定。

1.2 编制目的

为加强试点工程建设进度、协调管理，确保项目保质保量按计划完成，特制定本管理办法。

1.3 适用范围

试点工程建设全周期。

1.4 程序及原则

- 各 EPC 总承包单位原则上每周向建设单位、全过程咨询单位至少汇报一次项目实施进展及问题，及时与政府相关主管部门沟通协调，配合建设单位解决项目实施专项问题。
- 项目年度进度计划应在每年 12 月 25 日前完成，其内容均应包括下年的机械设备、劳动力配置、完成总产值，里程碑工期节点、关键工期控制等作为重点进行编制。
- 项目季度进度计划应在前一季度的最后一月的 25 日前完成，节点进度计划应在

接到业主、监理指令后及时完成。同样在进度计划里要体现机械设备、物资、劳动力等情况。

- 月进度计划应在每月 25 日前（或监理要求的时间）完成。周计划应在周日完成。所编制的计划需根据现场施工情况进行调整，以满足月、节点工期的进度计划，并提出相应的赶工、抢工措施。
- 进度计划在编制过程中，必须坚持科学合理、具有可操作性、符合现场实际情况的原则，在编制过程中，一旦发现某些重要影响，制约施工进度实现的问题时，必须单独注明，并明确具体负责人处理、解决、落实，禁止闭门造车，编制一些根本不能完成的进度计划。在编制过程中，应充分考虑外在因素（如雨雪天气、外部检查、政府管制等方面）的影响。
- 进度计划的原则。在保证施工安全、施工质量的前提下，必须保证施工进度。周进度计划保月进度计划、月进度计划保季度进度计划、季度计划及节点工期计划保年度进度计划及总进度计划。
- 如遇进度计划因不可抗力需进行调整，应及时与建设单位、全过程咨询单位协调沟通，反映情况，在得到许可后进行进度计划调整，并及时上报更新的进度计划。

1.5　工程进度、协调管理

各 EPC 总承包单位必须按照以下要求，认真做好项目协调，保证项目实施进度，按计划完成建设任务：

- 加强与各项目所属政府主管部门、建设单位、全过程咨询单位的沟通协调，及时反馈、对接、解决阻碍项目实施的问题，保证项目按进度计划实施。
- 认真做好试点工程的统筹、计划工作，科学组织、合理安排，根据总进度计划、月进度计划、周进度计划安排设计、施工，提高效率，加快进度。
- 根据工程进度计划，制定劳动力、材料、机械设备等各种资源保障措施，科学组织、均衡生产，确保按期完成计划任务。
- 加强现场安全质量管理，确保工程不因安全、质量问题影响实施进度。
- 设计单位与施工单位加强协调沟通，施工单位严格依据设计施工图、施工方案、技术交底要求组织施工，保证工程施工质量，确保工程施工进度。
- 在雨季或遇到恶劣气候条件时，采取调整工程施工等措施，力争将影响降到最低。
- 建设单位和全过程咨询单位随时对各单位以上措施的落实情况进行督促、检查，并将其作为进度管理的一项常规工作。如果发现有落实不到位的现象，将书面要求限期整改或进行处罚。
- 凡未完成周、月、年（包括调整）进度计划的单位均需进行“进度情况分析”“进度情况分析”的主要内容包括：

- 未完成进度计划的主要工程项目和工程数量。
- 未完成进度计划的主要原因。
- 能否保证合同工期。
- 赶上某个阶段施工进度计划的具体时间和实现这一目标计划的保证措施。

1.6　处罚原则

本管理办法特别针对出现如下行为的责任单位进行处罚（除第一条外，处罚细目见附件 1）：

- 对不能在规定的时间内完成勘察、设计、施工等所需工作的责任单位，周进度每延期一天予以 3 万元的处罚，月进度每延期一天予以 3 万元的处罚，季进度每延期一天按照 3 万元予以处罚，年度进度每延期一天按照 10 万元予以处罚，总进度每延期一天按照 30 万元予以处罚，由建设单位或其他不可抵抗的因素造成无法完成进度的则不予以处罚。
- 不服从建设单位、全过程咨询单位（项目管理部）、全过程咨询单位（工程监理机构）的工作安排，且无正当理由的。
- 前期工作缺乏计划和负责人且不采取措施整改的行为，或前期工作严重滞后报批和现场施工需要的行为。
- 不按时组织人员、机械进场施工，不准备或创造施工条件，不主动作为的。
- 未及时与项目所属政府主管部门、建设单位、全过程咨询单位沟通协调项目问题导致项目实施进度滞后的。
- 设计文本、图纸等技术成果出现重大缺陷，或严重不符合实际，或故意隐瞒现状，或恶意提高（降低）估算，或经两次修改仍不能经过评估、审查导致进度滞后的。
- 未按程序进行申报、评估、审查，擅自向信息管理平台申报数据或材料的。
- 未编制工作方案和技术方案，在实施过程中进度缓慢，不进行工期倒排，不按要求及时上报工作进展，工作不积极、不主动、不沟通，人员和设备投入不足或严重失衡的。
- 在项目实施过程中出现重大设计变更导致项目实施进度滞后的。
- 在项目实施过程中，不及时上报日报、周报、月报或其他工作报告的。
- 因设计、施工沟通协调不力导致项目进度滞后的。
- 对管理要求置之不理、对问题拒不整改甚至恶意捣乱的行为。
- 项目负责人未经业主允许擅自离开现场的；虽经业主同意离开但没有临时项目负责人的。

- 其他不能满足建设单位和全过程咨询单位要求的行为。

对多次处罚仍不能满足要求的单位，将取消其所属项目的勘察、设计或施工资格，取消的项目仍计入分配额度，不再另行分配；取消的项目，由另一家单位接替，如该单位仍不能满足相关要求，将公开招标另行选择单位。

1.7 奖励原则

依照有罚有奖的原则，罚款所得将用于奖励实施过程中表现较好的单位或个人，计划从罚款专用账户出资进行奖励（除第一条外，奖励细目见附件 2）。

- 对提前完成勘察、设计、施工等所需工作的单位，周进度每提前一天按照 4 000 元进行奖励，月进度每天提前一天按照 6 000 元进行奖励，季进度每提前一天按照 1 万元进行奖励，年度进度每提前一天按照 2 万元予以奖励，总进度每提前一天按照 4 万元进行奖励。
- 能在规定的时间内提前完成勘察、设计、施工等所需工作的。
- 勘察、设计、施工等成果突出，项目经济效益好的。
- 及时按照程序进行申报、评估、审查，申报数据或材料的准确性极高的。
- 编制切实可行的工作方案和技术方案，在实施过程中进度提前，效率高，工作合理安排，按要求上报工作进展，工作积极主动与配合，人员和设备投入适当的。
- 对管理要求积极配合、提出有利于工作开展合理化建议，在试点工程项目各阶段作出特殊贡献的。
- 项目实施顺利，设计合理，项目成果突出，受到验收各方好评的。
- 在个人在试点工程项目工作中作出突出贡献的。
- 在单位在试点工程项目工作中作出突出贡献的。

2 奖惩执行和现金管理

- 建设单位、全过程咨询单位（项目管理部）、全过程咨询单位（工程监理机构）共同作出奖罚决定，全过程咨询单位（项目管理部）以书面形式作出奖罚通知。
- 奖罚以现金形式进行。罚金以现金形式即日缴纳，逾期 3 日未缴纳或拒绝缴纳将 3 倍罚款金额从工程款内扣除。
- 奖罚现金由全过程咨询单位（项目管理部）记账；全过程咨询单位（工程监理机构）负责罚款的催缴，建设单位对现金收支建立专用账户；此款专款专用，每月公示。
- 奖罚现金账户在试点工程项目竣工验收前归零。

3 其他

本奖罚管理办法从发布之日起执行，建设单位将根据项目需要修订本奖罚管理办法，解释权归建设单位。

附件 1：试点工程罚款细目

序号	罚款行为	罚金/（万元/次）
1	不服从建设单位、全过程咨询单位（项目管理部）、全过程咨询单位（工程监理机构）的工作安排，且无正当理由的	5～20
2	不按时组织人员、机械进场施工，不准备或创造施工条件，不主动作为的	15～30
3	前期工作缺乏计划和负责人且不采取措施整改的行为，或前期工作严重滞后报批和现场施工需要的行为	10～20
4	未及时与项目所属政府主管部门、建设单位、全过程咨询单位沟通协调项目问题导致项目实施进度滞后的	10～30
5	设计文本、图纸等技术成果出现重大缺陷，或严重不符合实际，或故意隐瞒现状，或恶意提高（降低）估算，或经两次修改仍不能经过评估、审查导致进度滞后的	10
6	未按程序进行申报、评估、审查，擅自向信息管理平台申报数据或材料的	5
7	未编制工作方案和技术方案，在实施过程中进度缓慢，不进行工期倒排，不按要求及时上报工作进展，工作不积极、不主动、不沟通，人员和设备投入不足或严重失衡的	30
8	在项目实施过程中出现重大设计变更导致项目实施进度滞后的	5～10
9	在项目实施过程中，不及时上报日报、周报、月报或其他工作报告的	10
10	因设计、施工协调不力导致项目进度滞后的	10～30
11	对管理要求置之不理、对问题拒不整改甚至恶意捣乱的行为	5～10
12	项目负责人未经业主允许擅自离开现场的；虽经业主同意离开但没有临时项目负责人的	5～10
13	其他不能满足建设单位和全过程咨询单位要求的行为	酌情

附件 2：试点工程项目奖励细目

序号	奖励行为	奖金
1	能在规定的时间内提前完成勘察、设计、施工等所需工作的	酌情
2	勘察、设计、施工等成果突出，项目经济效益好的	酌情
3	及时按照程序进行申报、评估、审查，申报数据或材料的准确性极高的	酌情
4	编制切实可行的工作方案和技术方案，在实施过程中进度提前，效率高，工作合理安排，按要求上报工作进展，工作积极主动与配合，人员和设备投入适当的	酌情
5	对管理要求积极配合、提出有利于工作开展合理化建议，在试点工程项目各阶段作出特殊贡献的	酌情
6	项目实施顺利，设计合理，项目成果突出，受到验收各方好评的	酌情
7	在个人在试点工程项目工作中作出突出贡献的	酌情
8	在单位在试点工程项目工作中作出突出贡献的	酌情

乌梁素海流域山水林田湖草生态保护修复试点工程农牧民工工资支付管理办法

WLSH1-PM02-TJEC-016

1　总则

1.1　编制依据

- 《中华人民共和国劳动法》。
- 《国务院关于解决农民工问题的若干意见》。
- 《国务院办公厅关于清理规范工程建设领域保证金的通知》。
- 《保障农民工工资支付条例》。
- 《内蒙古自治区建筑工人实名制和工资支付管理办法》。
- 《内蒙古自治区人民政府办公厅关于全面治理拖欠农牧民工工资问题的实施意见》。
- 《内蒙古自治区政府办公厅关于建立健全治理拖欠农牧民工工资问题长效机制的通知》。
- 其他相关法规、规章制度。

1.2　编制目的

为规范乌梁素海流域山水林田湖草生态保护修复试点工程（以下简称“试点工程”）总承包单位用工行为，从源头上预防和解决农牧民工工资支付问题，切实维护农牧民工合法权益，保证工程建设的顺利进行，维护社会和谐稳定，特制定本管理办法。

1.3　适用范围

- 本管理办法试用于乌梁素海流域山水林田湖草生态保护修复试点工程建设项目各子项目。

- 工程总承包单位应严格按照上述有关规定、意见执行，同时应把农牧民工工资发放工作纳入施工合同管理，保证农牧民工按时足额获得工资。

1.4 名词解释

- 本管理办法所称农牧民工，是指为工程总承包单位提供劳动的农牧民工。
- 本管理办法所称工资，是指农牧民工为工程总承包单位提供劳动后应当获得的劳动报酬。

1.5 管理原则

试点工程农牧民工工资支付管理实行“一金三制”管理，即实行工资保证金及工资与工程款分账制、实名制、银行代发制。

2 工资支付形式与周期

- 农牧民工工资应当以货币形式，通过银行代发或者货币支付给农牧民工本人，不得以实物或者有价证券等其他形式代替。
- 工程总承包单位应当按照与农牧民工书面约定或者依法制定的规章制度规定的工资支付周期和具体支付日期足额支付工资。工程总承包单位在获得建设方支付的工程款时应优先拨付一定比例的资金用于农牧民工工资支付，并将支付情况报建设方审核。
- 实行月、周、日、小时工资制的，按照月、周、日、小时为周期支付工资；实行计件工资制的，工资支付周期由双方依法约定。
- 工程总承包单位临时或短期聘用（30 日内）的农牧民工应签订短期临时用工合同，在临聘或短期聘用农牧民工结算工资后方可履行退场手续，并及时向建设方报备。
- 农牧民工参建时间 30 日以上的必须采用银行专用账户按月代发工资，30 日以内的可采用货币形式一次性足额发放给农牧民工本人并留存合法证据备查。
- 工程总承包单位应当按照工资支付周期编制书面工资支付台账，并至少保存 3 年。
- 书面工资支付台账应当包括用人单位名称，支付周期，支付日期，支付对象姓名、身份证号码、联系方式，工作时间，应发工资项目及数额，代扣、代缴、扣除项目和数额，实发工资数额，银行代发工资凭证或者农牧民工签字等内容。向农牧民工支付工资时，应当提供农牧民工本人的工资清单。

3　工资支付保证金制度

- 为保证试点工程涉及农牧民工的合法权益，建设单位须严格执行农牧民工工资保证金制度，并开设农牧民工工资保证金专用账户，且对专用账户进行监管。工程总承包单位须按《内蒙古自治区建筑工人实名制和工资支付管理办法》第四章第二十二条相关规定一次性存储足额的工资保证金至专用账户中。工资保证金专用于支付为试点工程提供劳动的农牧民工被拖欠的工资。未经劳动保障监察机构、相关行业主管部门和建设方批准，任何单位和个人不得动用保证金。
- 建设单位将全面执行农牧民工工资保证金制度。配备劳资专管员进行工资保证金账户管理，建立工资保证金管理台账，并负责工资保证金的查询计提、启动支付和对接相关部门的审查工作。
- 工程总承包单位必须按照规范要求在工程项目所在地的商业银行开设农牧民工工资专用账户，专用账户建立后工程总承包单位应报项目属地的地方劳动保障行政主管部门和相关行业主管部门进行报备监管，并与银行签订监管协议，保证落实农牧民工工资银行代发制度。
- 农牧民工工资保证金的退还。工程总承包单位需在所实施工程完成竣工验收后对农牧民工工资总支付情况进行公示，公示期 60 天，并在公示期间在媒体报刊进行公告，在公示期内无争议且出具无拖欠承诺后，工程总承包单位可报项目属地的地方劳动保障行政主管部门、相关行业主管部门、建设单位和保证金监管银行进行工资保证金的退还工作。

4　监督与检查

- 工程总承包单位为农牧民工工资支付管理第一责任人和具体落实单位，应建立农牧民工用工管理台账，对所有进场务工人员（含分包单位所用农牧民工）进行实名造册，具备条件的行业应当通过相应的管理服务信息平台进行用工实名登记、管理。实名登记具体内容为农牧民工基本信息（姓名、身份证号码、家庭住址及联系电话）、出勤情况（有相关要求的须购置考勤机）、培训情况、工资标准以及按月工资实发金额等信息，工程总承包单位应对农牧民工进行动态管理，及时更新管理台账，定期向建设方或现场管理机构上报农牧民工用工情况，向当地劳动保障行政主管部门备案。未与工程总承包单位或者分包单位订立劳动合同并进行用工实名登记的人员，不得进入项目现场施工。
- 工程总承包单位应当在工程项目部配备劳资专管员，对分包单位劳动用工实施监督管理，掌握施工现场用工、考勤、工资支付等情况，审核分包单位编制的农牧民工工资支付表，分包单位应予以配合。

- 工程总承包单位需根据工程建设需求，制定农牧民工用工计划，将开设的农牧民工工资专用账户与工程款分账管理，并将专用账户用于按月代发农牧民工工资。建立农牧民工现场管理机制，配备与项目农牧民工用工规模相适应的管理人员，按月向建设单位或现场管理机构报送用工情况、考勤信息和工资发放记录。
- 工程总承包单位应依法与劳务输出单位或直接聘用的农牧民工签订《劳务协议书》或《劳动合同》。《劳务协议书》或《劳动合同》应包括用工条件、服务期限、施工任务、工资福利、劳动保险、劳动保护、劳动纪律及奖惩、违约责任等内容。签订的《劳务协议书》或《劳动合同》应及时向建设单位及工程所在地行业主管部门、劳动保障监察部门备案。
- 工程总承包单位应负责农牧民工的岗前培训，对农牧民工进行职业技能（工艺要求和质量标准）、安全生产和劳动保护、环境保护等教育培训，并为参建的农牧民工办理劳动保险及工伤保险。对从事特定高风险作业的农牧民工要进行专门培训，并持证上岗，同时办理特定高风险作业意外伤害保险。
- 参建的农牧民工工资发放，应由工程总承包单位按月，足额通过专用账户银行卡代发或以货币形式直接发放到农牧民工手中，并留存明晰合法的证据。严禁将农牧民工工资发放给除农牧民工本人以外的任何组织或个人。
- 工程总承包单位与分包单位依法订立书面分包合同，应当约定工程款计量周期、工程款进度结算办法。
- 分包单位对所招用农牧民工的实名制管理和工资支付负直接责任。工程总承包单位应对分包单位劳动用工和工资发放等情况进行监督，并负连带责任。
- 分包单位应当按月考核农牧民工工作量并编制工资支付表，经农牧民工本人签字确认后，与当月工程进度等情况一并交工程总承包单位。工程总承包单位根据分包单位编制的工资支付表，通过农牧民工工资专用账户直接将工资支付到农牧民工本人的银行账户，并向分包单位提供代发工资凭证。用于支付农牧民工工资的银行账户所绑定的农牧民工本人社会保障卡或者银行卡，用人单位或者其他人员不得以任何理由扣押或者变相扣押。
- 鼓励工程总承包单位建立企业内部农牧民工工资支付风险保证金，一旦出现工程支付障碍或者项目核算亏损，导致农牧民工工资不能及时支付的，可使用该保证金进行内部调度，切实维护农牧民工的合法权益。
- 农牧民工与工程总承包单位就拖欠工资存在争议的，工程总承包单位应当提供依法由其保存的劳动合同、职工名册、工资支付台账和清单等资料，不提供的，依法承担不利后果。

- 当工程总承包单位发生拖欠工资情况时，由建设单位核实后将计提工资保证金直接用于支付拖欠农牧民工工资，同时将保证金动用相关资料按管辖权限向劳动监察部门和行业主管部门报备，并要求工程总承包单位补足已动用的工资保证金。
- 单位或者个人存在编造虚假事实或者采取非法手段讨要农牧民工工资，造成不良社会影响或严重后果的，以拖欠农牧民工工资为名讨要工程款的现象，建设单位一经发现，将上报行业主管部门及公安部门，并将涉及单位或个人依法予以处理。

5　工资清偿

- 工程总承包单位使用个人、不具备合法经营资格的单位或者依法取得劳务派遣许可证的单位派遣的农牧民工，拖欠农牧民工工资的，由工程总承包单位清偿，并可依法进行追偿。
- 工程总承包单位将工程发包给个人或者不具备合法经营资格的单位，导致拖欠所招用农牧民工工资的，由工程总承包单位清偿，并可依法进行追偿。
- 工程总承包单位合并或者分立时，应当在实施合并或者分立前依法清偿拖欠的农牧民工工资；经与农牧民工书面协商一致的，可以由合并或者分立后承继其权利和义务的单位清偿。

6　附则

- 工程总承包单位应当在施工现场醒目位置设立维权告示牌，明示下列事项：建设单位、工程总承包单位及所在项目部、分包单位、相关行业工程建设主管部门、劳资专管员等基本信息；当地最低工资标准、工资支付日期等基本信息；相关行业工程建设主管部门和劳动保障监察投诉举报电话、劳动争议调解仲裁申请渠道、法律援助申请渠道、公共法律服务热线等信息。
- 工程总承包单位对农牧民工名单、工资发放表每月公示 1 次，公示期不得少于 10 日，留存原始凭证至项目交工验收后 3 年备查。
- 该办法解释权归建设单位所有。
- 未尽事宜在执行过程中补充完善和约定。

第六篇

竣工验收、移交及信息管理篇

第六章

乌梁素海流域山水林田湖草生态保护修复试点工程验收管理办法

WLSH1-PM02-TJEC-017

1　总则

1.1　编制依据

- 《中华人民共和国建筑法》。
- 《建筑工程质量管理条例》。
- 《房屋建筑和市政基础设施工程竣工验收规定》。
- 《水利工程建设项目验收管理规定》。
- 《林业建设项目竣工验收实施细则》。
- 《内蒙古自治区矿山地质环境治理工程验收标准（试行）》。
- 《乌梁素海山水林田湖草生态保护修复试点工程项目管理办法》。
- 国家、自治区、行业颁布实行、试行、执行的相关法律法规、技术标准和规范等文件，并结合乌梁素海流域山水林田湖草生态保护修复试点工程建设项目的实际情况，制定本管理办法。

1.2　编制目的

为了贯彻落实习近平生态文明思想，牢固树立新时代推进生态文明建设必须坚持的六项重要原则，全面落实“绿水青山就是金山银山”的绿色发展观和“山水林田湖草是生命共同体”的整体系统观，坚持节约优先、保护优先、自然恢复为主的方针，切实加大山水林田湖草系统保护与修复力度，提高山水林田湖草保护与修复工作的科学性、有效性，指导和规范乌梁素海流域山水林田湖草生态保护修复试点工程验收工作，确保工程质量，依据有关法律规定，结合内蒙古自治区项目实施工作的实际，研究制定了《乌梁素海流域山水林田湖草生态保护修复试点工程验收管理办法》。

1.3 适用范围

本管理办法试用于乌梁素海流域山水林田湖草生态保护修复试点工程建设项目各子项目的验收活动。

1.4 验收分类

- 乌梁素海流域山水林田湖草生态保护修复试点工程建设项目验收，按验收组织单位分为内部验收（法人验收）、初步验收和国家（竣工）验收（政府验收）。
- 法人验收是指在试点工程在建设过程中由法人组织进行的验收。法人验收是政府验收的基础。
- 政府验收是指有关人民政府、行业主管部门或者其他有关部门组织进行的验收，包括初步验收和国家（竣工）验收。

1.5 验收条件

- 乌梁素海流域山水林田湖草生态保护修复试点工程建设项目具备验收条件时，应及时组织验收。未经验收或者验收不合格的，不得交付使用。

1.6 验收依据

- 国家有关法律、法规、规章和技术标准。
- 有关主管部门的规定。
- 经批准的工程立项文件、初步设计文件、调整概算文件。
- 经批准的设计文件及相应的工程变更文件。
- 施工图纸及主要设备技术说明书等。
- 内部验收（法人验收）还应当以建设项目工程总承包合同为验收依据。

1.7 程序及原则

- 验收组织单位应当成立验收委员会（验收工作组）进行验收，验收委员会（验收工作组）可根据项目规模和复杂程度分成工程、技术、档案、财会等验收小组，分别对相关内容进行专业验收并形成专业验收意见，验收结论应当经 2/3 以上验收委员会（验收工作组）成员同意。
- 验收委员会（验收工作组）成员应当在验收报告上签字。验收委员会（验收工作组）成员对验收结论持有异议的，应当将保留意见在验收报告上明确记载并签字。
- 验收中发现的问题，其处理原则由验收委员会（验收工作组）协商确定。委员会主任（组长）对争议问题有裁决权。但是，半数以上验收委员会（验收工作组）成员不同意裁决意见的，法人验收应当报请验收监督管理机关决定，政府验收应当报请验收组织单位决定。

- 验收委员会（验收工作组）对工程验收不予通过的，应当明确不予通过的理由并提出整改意见。有关单位应当及时组织处理有关问题，完成整改，并按照程序重新申请验收。
- 项目法人以及其他参建单位应当提交真实、完整的验收资料，并对提交的资料负责。
- 法人验收监督管理机关对项目的法人验收工作实施监督管理。行业主管部门是本项目的法人验收监督管理机关。
- 对单位在试点工程项目工作中作出突出贡献的。

2 内部验收（法人验收）

- 试点工程各子项目完工后，工程总承包单位自验合格后按照国家、自治区、行业颁布实行、试行、执行的相关技术标准、规范，整理好文件、技术资料，向内蒙古乌梁素海流域投资有限公司（以下简称“SPV 公司”）提出验收申请。SPV 公司经检查认为建设项目具备相应的验收条件的，应当及时组织验收。
- 法人验收由项目法人组织。验收工作组由项目法人、全过程咨询、勘察设计、施工及运营等单位的代表组成，必要时可以邀请参建单位以外的代表及专家参加。
- 验收内容：
  勘察设计、施工、监理等单位出具的项目建设情况自验报告，明确项目建设任务及投资是否按设计完成；
  各项建设内容的数量和质量是否符合设计要求，达到建设标准；资金是否足额到位，使用是否符合资金管理的要求；
  档案资料是否齐全。
- 法人验收后，质量评定结论应当报该项目的行业主管部门或质量监督机构核备。未经核备的，不得组织下一阶段验收。
- 项目法人应当自法人验收合格之日起 15 个工作日内，编制法人验收报告，发送参加验收单位并报送法人验收监督管理机关备案。
- 内部验收报告是政府验收的备查资料。

3 政府验收

1）验收组织单位

- 初步验收和国家（竣工）验收由验收组织单位主持。验收组织单位可以根据工作需要委托其他单位主持初步验收。
- 初步验收组织单位为内蒙古淖尔开源实业有限公司，国家（竣工）验收组织单位为乌梁素海流域山水林田湖草生态保护修复试点工程实施指挥部。

2）初步验收

- 试点工程内部验收完成后具备初步验收条件的，项目法人应当提出初步验收申请，并提交内部验收报告，初步验收组织单位应当自收到初步验收申请之日起20个工作日内决定是否同意进行初步验收。
- 初步验收由内蒙古淖尔开源实业有限公司组织。验收工作组由内蒙古淖尔开源实业有限公司、行业主管部门和项目所在地的地方人民政府以及有关部门等单位的代表组成。对于技术复杂工程，根据需要可邀请有关专家参加验收组。项目法人、全过程咨询、勘察设计、施工及运营等单位参加验收工作。
- 初步验收主要内容：

项目完成情况：依据经批准的项目实施设计与工程复核报告，核查项目区位置、工程规模、工程内容、工程量等是否按要求完成；结合质量查验报告、监理报告等实地检查工程任务完成情况和工程质量情况。

组织管理情况：检查项目组织领导机构、管理机构和技术指导机构是否健全、运行是否正常；各项管理制度和质量目标体系是否健全及执行情况；是否严格执行项目法人制、招投标制、合同制、工程监理及公告等管理制度；建设过程中设计或施工变更情况及审批情况；施工过程中是否按规定进行技术检测、其结果是否合格；监理单位是否认真履行职责、监理记录是否全面、准确，与施工记录是否相符等。

项目资金使用情况：依据有关项目资金管理规定，结合资金收支审批资料，财务账册、凭证、报表、工程预决算、财务审计报告等资料，检查资金是否及时、足额到位和使用是否符合国家有关投资、财务管理规定；是否有健全的会计核算制度，有无截留、挪用资金问题；是否按规定实行专户独立核算、专人管理、专款专用等。

工程效果及管护情况：依据经批准的设计，检查工程项目是否达到预期目标和效果；工程完成后，能否正常运行并与周边环境协调一致；管护主体、管护责任是否落到实处并制定可行的后期经营、管护制度等。

档案资料管理情况：检查项目前期工作、组织管理、实施管理、资金管理、内部验收等资料是否齐全、真实准确，分类立卷是否规范合理等。

- 验收组织单位应当自初步验收合格之日起 15 个工作日内，编制初步验收报告，发送参加验收单位并报送政府验收监督管理机关备案。
- 初步验收报告是国家（竣工）验收的备查资料。

3）国家（竣工）验收

- 试点工程初步验收完成后具备国家（竣工）验收条件的，乌梁素海流域山水林田湖草生态保护修复试点工程实施指挥部应当提出国家（竣工） 验收申请，并提交初步验收报告，申请国家（竣工）验收。
- 国家（竣工）验收原则上按照经批准的初步设计所确定的标准和内容进行。重点对初步验收提出整改要求的落实情况、项目范围、工程量、资金使用、创新机制、亮点特色、实施成效、生态效益、可持续影响、服务对象满意度等内容进行复核、验收和认定，形成国家（竣工）验收报告。
- 国家（竣工）验收时应提供如下纸质及电子资料：国家（竣工）验收申请书和初步验收报告；初步验收中提出整改要求的落实情况报告；项目招投标资料；责任单位及设计、施工、监理等单位出具的项目建设情况自验报告；项目的现状图、设计图、国家（竣工）图以及相关的数据表；经审计的项目国家（竣工）财务决算报告；项目管护落实情况等。
- 国家（竣工）验收的验收委员会由国家（竣工）组织单位、有关行政主管部门、有关地方人民政府和部门、该项目的质量监督机构和安全监督机构、工程运行管理单位的代表以及有关专家组成。
- 国家（竣工）验收组织单位可以根据国家（竣工）验收的需要，委托具有相应资质的工程质量检测机构对工程质量进行检测。
- 项目法人全面负责国家（竣工）验收前的各项准备工作，全过程咨询、勘察设计、施工等工程参建单位应当做好有关验收准备和配合工作，派代表出席国家（竣工）验收会议，负责解答验收委员会提出的问题，并作为被验收单位在国家（竣工）验收报告上签字。
- 国家（竣工）验收主持单位应当自国家（竣工）验收合格之日起 15 个工作日内，编制国家（竣工）验收报告，并发送有关单位。
- 国家（竣工）验收报告是项目法人完成工程建设任务的凭据。

4）验收遗留问题处理与工程移交

- 项目法人和其他有关单位应当按照国家（竣工）验收报告的要求妥善处理国家（竣工）验收遗留问题和完成尾工。
- 验收遗留问题处理完毕和尾工完成并通过验收后，项目法人应当将处理情况和验收成果报送国家（竣工）验收组织单位。
- 项目法人与工程运行管理单位不同的，工程通过国家（竣工）验收后，应当及时办理移交手续。
- 工程移交后，项目法人以及其他参建单位应当按照法律法规的规定和合同约定，承担后续的相关质量责任。项目法人已经撤销的，由撤销该项目法人的部门承接相关的责任。

4 罚则

- 违反本管理办法，项目法人不按时限要求组织法人验收或者不具备验收条件而组织法人验收的，由法人验收监督管理机关责令改正。
- 项目法人和其他参建单位提交验收资料不真实导致验收结论有误的，由提交不真实验收资料的单位承担责任。国家（竣工）验收组织单位收回验收报告，对责任单位予以通报批评；造成严重后果的，依照有关法律法规处罚。
- 参加验收的专家在验收工作中玩忽职守、徇私舞弊的，由验收监督管理机关予以通报批评；情节严重的，取消其参加验收的资格；构成犯罪的依法追究刑事责任。
- 国家机关工作人员在验收工作中玩忽职守、滥用职权、徇私舞弊，尚不构成犯罪的，依法给予行政处分；构成犯罪的，依法追究刑事责任。

5 附则

试点工程建设项目验收应当具备的条件、验收程序、验收主要工作以及有关验收资料和成果性文件等具体要求，按照有关验收规程执行。

乌梁素海流域山水林田湖草生态保护修复试点工程移交管理办法

WLSH1-PM02-TJEC-018

1 总则

在移交的工程项目不存在任何抵押、质押等担保权益或产权约束，亦不得存在任何种类和性质的索赔权，且完成竣工验收，各项检测评估合格的前提下内蒙古乌梁素海流域投资建设有限公司将组织开展移交工作。

为确保移交环节的顺利进行，实现建设单位、工程总承包单位和接收单位三方工作的无缝对接，我司编制此移交方案，结合现行法律法规规定及项目招标文件要求，就移交内容做如下说明，以保证移交的内蒙古乌梁素海流域山水林田湖草生态保护修复试点工程项目资料齐全、功能完善、设施良好、满足设计、符合使用要求。

2 移交准备

2.1 成立移交委员会

1）内蒙古乌梁素海流域投资建设有限公司（以下简称“SPV 公司”）负责组织、成立移交委员会，委员会成员由 SPV 公司、工程总承包单位、各接收单位（市直部门、旗政府等，以下简称“接收单位”）、各行业主管部门、全过程工程咨询单位的代表共同构成。若工程项目合同提前终止，移交委员会应在项目合同提前终止后 5 个工作日内成立。

2）加入移交委员会的 SPV 公司、工程总承包单位代表为 2-3 人，各接收单位、各行业主管部门、全过程工程咨询单位代表不少于 1 人。

3）移交委员会成立后应举行定期会谈，必要时经各方同意可随时会谈，并确定下列事宜的具体实施方案，SPV 公司和工程总承包单位应提供移交必要的文件、记录、报告等数据，作为移交委员会制定方案的参考：

- 项目设施移交的详尽程序；

- 存在管护期项目的修复计划；
- 商定移交项目设施清单（包括备品备件的详细清单）；
- 就移交向第三方进行公告的方式；
- 移交仪式的准备等。

4）移交委员会的代表名单确定后以公告形式告知各方单位，SPV 公司负责后续沟通会议和移交仪式的组织、举办。

5）为保障移交工作的顺利进行，保护招标人产权，维护社会经济秩序，以有关法律的规定及招标人管护期满有关合同、章程为基础，按照公平、合理的原则进行。

2.2　组建移交组织架构

SPV 公司负责组建执行移交工作的人员组织架构，移交委员会下分六大类工程项目移交工作组，各工作组又分为实体组、资料组和核算组，各组由 SPV 公司、工程总承包单位、各接收单位、全过程工程咨询单位的工作人员共同组建，相互配合完成移交工作。组织结构如下图所示，各方职责：

1）SPV 公司负责工程移交的统筹组织工作，保障移交工作顺利进行，确保所移交的各项目内容完整、客观、准确。

2）全过程工程咨询方配合协调组织和专业咨询工作，协助移交工作顺利完成。

3）实体组负责项目移交量统计及移交时实体验收工作。

4）资料组负责各项目移交资料的统计、清单汇编及资料移交。

5）核算组负责解除和清偿项目的所有债务、抵押、质押、留置、担保物权，以及建设和管护时由 SPV 公司引起的环境污染及其他性质的请求权，还有项目所有债权的资金回收。

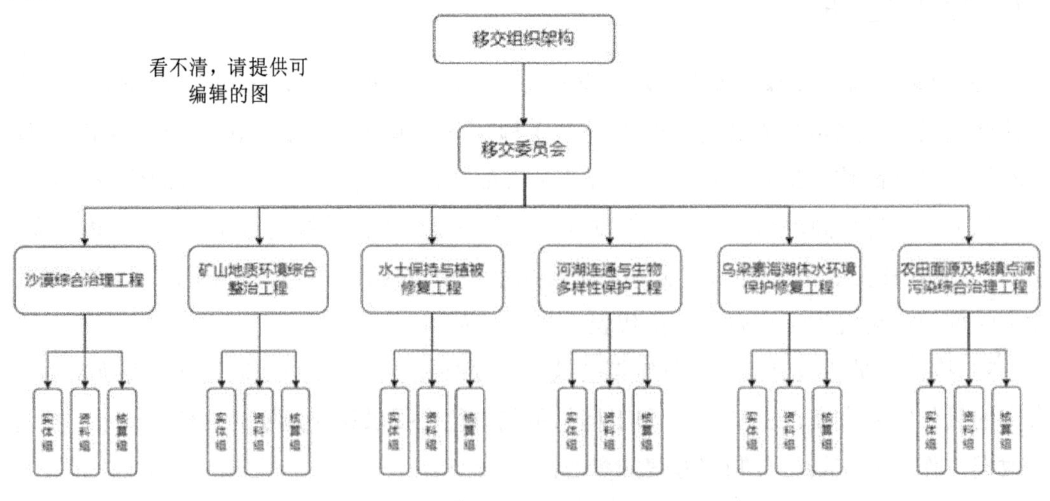

移交工作组织架构图

3 移交程序

1）工程总承包施工单位在单位工程具备移交条件后，向 SPV 公司提交接收证书申请，SPV 公司同意后，组织工程总承包施工单位和各接收单位，三方签署项目移交接收证书，证明该单位工程已移交给接收单位。

2）工程实体内容移交完成后，进行工程资料和权力的移交。

3）暂时不具备条件但不影响安全运行的项目，由工程总承包施工单位报 SPV 公司确定负责处理的单位和调整时间，另行整改，直至各单位工程移交结束，完成总工程的移交。

4）移交完成后保修责任归属问题由《质量保修责任书》决定，若移交后仍在保修期内，因设计、设备、施工等原因出现的所有问题，由工程总承包施工单位协调接收部门处理。

4 移交内容

4.1 项目实体移交

项目实体移交包括可交付的一切项目实体或项目服务，实体移交的具体内容如下：

1）移交范围内已修复的沙漠、矿山、林草地、排干沟、湿地、湖区等地块及配套工程；

2）道路桥梁设施、绿化设施、交通设施及其他配套设施；

3）材料、器材和备品备件移交；工程总承包施工单位向接收单位移交项目正常维护所需要的消耗性备件和事故修理备品备件，提供的事故抢修备品备件与工程总承包施工单位向设备生产商购买设备时所获得的随机备品备件水平相同（水平相同系指规格一致，且质量不低于、数量不少于随机配件）；

4）建筑物、构筑物和设备（设备配有的专用的启动维修工具和附属零件，及对易损件和材料提供的一定数量的备品）；

5）SPV 公司和工程总承包施工单位拥有的项目资产。

4.2 项目文件资料移交

1）工程总承包单位负责编制各项目的《乌梁素海流域山水林田湖草生态保护修复试点工程子项目档案文件资料移交清单》，并由 SPV 公司进行审核，SPV 公司、工程总承包单位和各接收单位按清单查阅清楚并认可后，三方在移交清单上签字盖章。移交清单一式三份，三方各自保存一份，以备查对。

2）文档资料移交主要包括：

- 项目前期资料（项目实施方案、可行性研究报告及其相关附件、项目环境影响评价报告、项目社会稳定性影响评价报告等）；
- 项目竣工资料（项目中可能的外购和外包合同、标书、项目变更文件、所有项目会议记录、项目进度报告、设计文件、施工文件、监理资料、项目质量验收报告等，其中质保资料为 PDF 格式，竣工图为 CAD 格式或 PDF 格式）；
- 项目管护资料、制度、记录、档案等、各类检测资料、修理记录、项目对外签订的所有合同、文件等）；
- 各类成套设备使用说明书及有关的装配图纸、使用规范；
- 财务资料（各款项结算清单、管护保函等）；
- 移交的设施量清单资料及记录。

3）后期资料（项目测试报告、项目后评价资料、项目档案资料移交清单、项目移交报告等）。

4.3 项目权利移交

1）SPV 公司及项目工程内容的所有权利、所有权的移交，主要包括：

- 工程项目内修建的道路桥梁及其相关附属设施的使用权；
- 对项目资产的所有权；
- 对项目场地的土地使用权；
- 对项目场地内设备设施使用的全部权利；
- 拥有的项目资产使用权。

2）保险和承包商保证、对第三方未消除的债权的移交

- 工程总承包施工单位将所有承包商和供应商提供的尚未期满的担保及保证无偿移交给接收单位，并且将所有保险单、暂保单和保险单批单移交给接收方。接收方支付或退还上述移交之后保险期间的保险费。
- 项目管护期结束之日，SPV 公司、工程总承包单位对第三方未消除的债权，应与接收方本着公平、合理的原则协商一个双方认可的价格后，转让给接收方，并通知债务人。接收方按转让价支付 SPV 公司或工程总承包单位款额，SPV 公司或工程总承包单位除转让价外，不收取其他费用。

3）技术产权移交：

- SPV 公司和工程总承包单位向各接收单位移交公司在合作期间形成的一切商标、专利、软件、版权、专有技术及所有知识产权或无形资产的文件，使接收单位无偿拥有该等知识产权或无形资产的使用权，且仅有权将该等知识产权用于本项目

及项目的扩建工程，而SPV公司仍为知识产权的所有权人；关于工程总承包单位为实施工程所编制文件的著作权，除署名权外的著作权属于SPV公司，工程总承包单位保留署名权。

5 移交时间

无管护期的项目，确认工程完成交工验收且项目资料汇总整理归档完毕，即可进行项目移交，项目移交需在交工验收后15天内开始进行，30天内完成移交并完成接收证书的签署。

存在管护期的项目，移交日期确定在养护期结束的7天内，SPV公司在养护期结束前6个月组织工程总承包单位下各专业养护团队依据接收方核准的移交标准，对各专业项目进行一次全面检查，并提出修复内容及修复计划的报告；该报告于养护期结束前5个月上报移交委员会，并由移交委员会核准，各专业项目需在获得核准后3个月内完成修复；移交委员会在养护期结束前3个月开展会谈并商定移交项目资产清单（包括备品备件的详细清单）、文件资料的详细清单及移交程序。所有移交流程需在移交日期前完成。

6 其他内容

6.1 移交的特殊程序

1）建设期内，若发生项目合同约定的提前终止事由，SPV公司应自发出或收到提前终止通知之日起15日内制作项目设施清单报送接收单位。管护期内，若发生项目合同约定的提前终止事由，SPV公司应自发出或收到提前终止通知之日起20日内制作项目设施清单报送接收单位。

2）接收单位应于收到SPV公司报送项目设施清单之日起20日内，与SPV公司、工程总承包单位共同确定移交日期。

3）若在建设期内项目合同提前终止，SPV公司所有的供建设、管护本项目之用的，且为继续建设运营本项目所必需的资产及在建工程均被当列入移交范围。

6.2 SPV公司相关的物品的处置

除非三方另有合同，工程总承包单位于移交日之后60日内，自费从场地移走项目公司雇员的个人用品以及与项目运营和维护无关的物品。

乌梁素海流域山水林田湖草生态保护修复试点工程信息及文档管理办法

WLSH1-PM02-TJEC-019

1 总则

为实现项目的管理目标，明确有关各方的职责和管理流程，实施有效的信息及文档控制，特制定本管理办法。

1.1 编制依据

- 《建设工程文件归档整理规范》(GB/T 50328—2014)。
- 《建设工程管理文件资料形成及常用表式》。
- 《建设工程项目管理规范实施手册》。

1.2 编制目的

为了保障项目信息分类准确、统一，文档归档及时、完整，特制定本管理办法。

1.3 适用范围

本管理办法适用于乌梁素海流域山水林田湖草生态保护修复试点工程信息及文档管理的相关工作。

2 术语和定义

2.1 文件

本项目各合同单位用作信息往来的书面材料，包括往来函件及提交文件等书面材料。

2.2 图纸

图纸包括设计图、平面图、施工图及竣工图及与其他本工程相关的图纸。图纸可作为函件的附件，也可作为一般文件的组成部分。

2.3 档案

一家单位在公务活动中形成的具有考察利用价值的需归档集中保存起来的文件材料（包括技术图形、影片、照片等）。

2.4 函件编码

用于各合同单位来往函件，能被快速识别函件的唯一标识字符。

2.5 文件编码

用于各合同单位的提交文件，能够区分特征、方便查阅的字符。

3 管理职能

3.1 建设单位

- 向各参建单位提供与建设工程有关的原始资料，原始资料必须真实、准确、齐全。
- 在工程招标及与各参建单位签订的协议合同中，应对工程文件的套数、费用、质量、移交时间等提出明确要求。
- 负责组织、监督和检查各参建单位工程文件的形成、储存和立卷归档工作。
- 向全过程工程咨询单位下达工程目标、方向等信息；可直接或通过全过程咨询单位向参建单位下达信息；审批由全过程咨询单位提交的报告、计划及审查意见。
- 负责验收 EPC 总承包单位提交的工程文件，以向城建档案管理部门移交一套符合规定的工程档案；确保文档工作的质量水平，并检查各参建单位的文档工作质量。

3.2 全过程咨询单位

- 负责建立各参建单位之间的沟通渠道，制定信息资料传送、整理和归档程序及要求。
- 协助建设单位提出对工程文件的套数、费用、质量、移交时间等要求；协助建设单位下达工程信息给其他参建单位；协助建设单位监督检查各参建单位工程文件的形成、积累和立卷归档工作；协助建设单位做好项目竣工验收资料以及向有关部门移交的工作。

- 对各参建单位提交的技术文件提供审查意见并报告建设单位。
- 监控各参建单位文件提交时间进度情况并定期向建设单位汇报。
- 定期对各参建单位的文档工作进行审核。

3.3 参建单位

- 做好本部门信息及文档管理工作。
- 协助建设单位和全过程咨询单位收集有关工程信息。
- 审核其他单位相关技术资料。
- 定期向建设单位汇报本单位信息管理工作情况。

4 信息管理

4.1 信息沟通渠道

1）正式渠道

正式渠道包括往来函件、文件、项目会议纪要等。通过正式渠道沟通的信息均具有约束性，凡通过正式渠道传递的信息，各单位均应及时做好相应的登记和回应。

- 往来函件。往来函件包括信件、申请函、工程师函及传真，但不包括电子邮件和电话通话记录等。
- 提交文件。指除往来函件外的其他书信的文件，文件包括图纸、报告、手册、合同、进度计划、技术资料、会议纪要等。
- 项目会议。项目会议包括建设单位汇报会议、工程例会、设计协调会议、合同分析例会等。

2）非正式渠道

非正式渠道包括口头交流、电子邮件等。通过非正式渠道的沟通可以加强单位与单位之间的协调能力，提高项目整体工作效率。各单位可以将从非正式渠道沟通获得的信息，通过往来函件的形式发出使之正式化及具有约束性。所有通过电子邮件传送的文件都被视为非正式沟通渠道。如有需要，各合同单位可以将电邮打印，以往来书信的形式发出使之正式化并具有约束性。

3）项目会议

各项目会议均被视为正式的沟通渠道，会议负责单位的职责包括：

- 准备会议通知，确定召开会议的地点、时间、会议所需时间及会议议程等资料。
- 确保会议通知在会议前已发至有关与会人员。
- 如果会议详情（如地点、时间及议程等）有所更改，须负责尽快在会议前通知有关与会人员。

- 指定会议纪要的编写人员，会议纪要须在会议主持审阅后才可正式发出。

4.2 处理程序

乌梁素海流域山水林田湖草生态修复工程项目传递流程及相关部门邮箱如下。

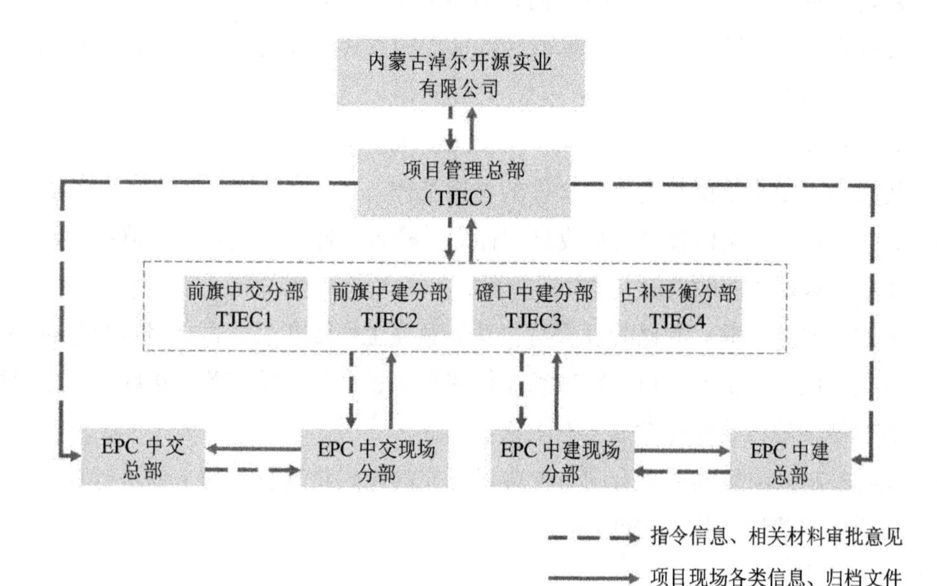

总部邮箱：wlsh@tongji-ec.com.cn

前旗中交分部邮箱：tjec1_wlsh@163.com

前旗中建分部邮箱：tjec2_wlsh@163.com

磴口中建分部邮箱：tjec3_wlsh@163.com

占补平衡分部邮箱：tjec4_wlsh@163.com

中建总部：Wlshzjyj@163.com

中交总部：zjsgj_wlsh@163.com

1）发文程序

- 拟稿。各合同单位应根据拟稿的背景、依法并自行拟写文稿及编码，拟完后交由文档管理人员打印。
- 审核、签发。文档管理人员将文稿附在传送单后面，提交逐级审批，各主管及负责人应在草稿上写上审批意见并签名。若审批不通过，则文档管理人员将文稿退回拟稿人，拟稿人根据审批意见进行修改并将修改后版本交由文档管理人员，文档管理人员再次提交文件给相关人员审批。
- 打印、校对。审批通过后，文档管理人员负责按需求的数量打印文稿，并交回拟稿人进行校对。若发现不同，则文档管理人员重新打印，再校对。各合同单位应保证各自发出文件的质量。

- 盖章。校对完成，文档管理人员负责用印盖章，盖章要求上不压正文，下要压日期。
- 复印、登记及分发。盖章后，将文稿复印，之后将原稿附同传递表交由相关人员发送，并保存返还的签收单，同时填写发文登记表。
- 文件存档。项目的每个合同单位应以可靠的方式将其发出的文件进行存档，并应能快速地查找文件。

2）收文程序

- 传递。由发文单位负责所发文件的传递工作。
- 签收、登记。文档管理人员收到文件后，检查文件齐全正确后，填写签收单进行签收，同时填写收文登记表。
- 审阅、安排办理。文档管理人员在登记及盖上传阅章后，再交付项目经理细阅、编码并明确负责的人员。经理须在传阅章上签名及安排有关人员跟进，之后再交由文档管理人员安排发放给有关人员传阅。
- 文件存档。项目的每个合同单位应以可靠的方式将其收到的文件进行存档，并保证应能快速地查找到文件。

3）审批流程

- 各参建单位将需审批提交的文件主送全过程咨询单位，同一时间抄送给建设单位。
- 全过程咨询单位审查文件，在《文件审查意见表》中提出审查意见，并形成正式文件主送建设单位，同一时间抄送各参建单位。
- 当建设单位对提交的文件及《文件审查意见表》审阅后认为有问题时，建设单位要与全过程咨询单位进行共同研究决定，再由全过程咨询单位在《文件审查意见表》上提出审查意见，并将签字和盖章的《文件审查意见表》主送给发文单位。
- 参建单位确认收到建设单位及全过程咨询单位的意见后，须按修改意见修订文件，重新提交。
- 如需要分包商回应《文件审查意见表》，EPC 总承包单位负责将全过程咨询单位分发的审查意见分发给有关分包单位，并综合整理分包单位的回复，根据全过程咨询单位审查意见，修订回复文件后再提交全过程咨询单位审阅。

4）审批结果

报送审批的文件审阅后，会得到以下三种结果：

- 拒绝：建设单位或全过程咨询单位在审阅文件时，发现文件不符合项目要求或文件的确认可能会导致后续文件发生错误，建设单位或全过程咨询单位将拒绝接收文件，并将文件发回。发件人应对文件重新编写，然后提交审批。

- 批注：建设单位或全过程咨询单位对文件只提出不涉及文件大纲及目的的意见，发件人应按意见修改文件，文件批准之后即可执行。
- 批准：建设单位及全过程咨询单位对文件没有意见，文件被批准后即可执行。

4.3　项目信息收集

1）文件提交要求

本工程建设项目各参建单位应按照本节的要求对函件及提交文件进行提交。纸质文件的提交要求、往来函件及提交文件、往来函件及提交文件的提交要求如下表所述。

文件类别	往来函件	提交文件
提交的方法及形式	• 合同编号、名称及函件文件的标题。 • 在收件人资料上列明拟稿人所编写的函件编码。 • 如果是对之前函件的回复，要在标题之下写上之前一份函件的函件编码	• 应附有连同传递表/封面信，表/信上应具有函件参考编码。 • 提交文件应具有提交文件编号。 • 提交文件须具有封面页及必须在文件封面上明显位置标明文件编码
编码要求	• 函件编码应按照有关规定执行	• 提交文件编码应按照有关规定执行
电子档案	• 不需要	• 电子档案的提交要求执行有关规定

2）传递表

传递表应包括传递表的编码（使用一般函件编码）、合同编号、传送日期、合同单位的名称及地址、电话及传真号码、发件人签名、所有提交文件的清单。清单须列出文件编码、版本描述，并须列明传送之原因，如“供审阅”“请提意见”“只供参考”等。

3）电子文件的提交要求

- 是指对应纸质文件的原始档及只读档（PDF 档案），形式为兼容 Microsoft Windows 操作系统的 CD-ROM。
- 电子文件的档案名称应为提交文件的标题及版本号码，如“文档信息总控_A”“文档信息总控_B”等。
- 在 CD-ROM 背面用油性笔注明载体中的电子文件所相对应提交文件的文件编码。或者也可以在 CD 盒内的标签纸上写明文件标题和文件编号，每张 CD-ROM 只能存放一个对应提交文件的电子文件。
- 在 CD-ROM 根目录下，建立一个 TXT 或 DOC 格式的文件，注明此 CD-ROM 的目录结构。在此目录下，建立一个文件夹，文件夹的名字为相应提交文件的文件编码，所有电子文件按照相应提交文件的对应逻辑结构存放在此文件夹下。

- 若电子文件中含有图纸，则在图纸所在目录下建立一个格式为 TXT 或 DOC 格式的图纸清单文件。
- 提交文件格式及装订之最低要求：根据合同中提交文件格式的要求；所有报告的封面须统一；透明胶封面；硬卡纸底；多孔胶圈；巨型报告可采用 3 孔装订夹装订；提交文件的封面：封面需要列出版本号码、版本记录、版本发出的目的及其编写、检查、审阅、批、核人员的资料。

4）档案资料管理及档案移交

（1）工程文件归档的范围

凡是与工程建设有关的重要活动、记载工程建设主要过程和现状、具有保存价值的各种载体的文件，均应收集齐全、整理、立卷后归档。

工程档案保管期限应分为永久、长期、短期三种期限。各类文件的保管期限见《建设工程文件归档整理规范》（GB/T 50328—2014）中的要求。永久是指工程档案需要永久保存。长期是指工程档案的保存期等于该工程的使用寿命。短期是指工程档案保存 20 年以下。同一案卷内有不同保管期限的文件，该案卷保管期限应从长。

（2）归档文件的质量要求

- 工程文件的内容及其深度必须符合国家有关工程勘察、设计、施工、监理等方面的技术规范、标准和规程要求。
- 工程文件的内容必须真实、准确，与工程实际相符合；与工程质量有关的文件、检查记录表必须有监理工程师的签字。
- 工程文件应采用耐久性强的书写材料，如碳素墨水、蓝黑墨水，不得使用易褪色的书写材料，如红色墨水、纯蓝墨水、圆珠笔、复写纸、铅笔等。
- 工程文件应字迹清楚、图样清晰、图表整洁、签字盖章手续完备。
- 工程文件中文字材料幅面尺寸规格宜为 A4 幅面（297 mm×210 mm）。图纸宜采用国家标准图幅。
- 工程档案资料的照片（含底片）及声像档案，要求图像清晰、声音清楚、文字说明或内容准确。

（3）竣工图的编制及要求

- 所有竣工图均应加盖竣工图章。
- 利用施工图改绘竣工图，必须标明变更修改依据；凡施工图结构、工艺、平面布置等有重大改变，或变更部分超过图面 1/3 的，应当重新绘制竣工图。
- 不同幅面的工程图纸应按《技术制图 复制图的折叠方法》（GB/T 10609.3—2009）

统一折叠成 A4 幅面，图标栏露在外面。

- 工程档案资料的缩微制品，必须按国家缩微标准进行制作，主要技术指标（解像力、密度、海波残留量等）要符合国家标准，保证质量，以适应长期安全保管。
- 图纸一般采用蓝晒图，竣工图应是新蓝图。计算机图必须清晰，不得使用计算机所出图纸的复印件。

4.4 信息归档、立卷

1）立卷的方法

- 对于本工程档案编制质量要求与组卷方法，应按照《建设工程文件归档整理规范》（GB/T 50328—2014）及巴彦淖尔市档案馆的有关规定执行。
- 由建设单位形成的工程建设综合文件材料采取分阶段立卷的方式，具体的阶段划分为工程前期阶段、设计阶段、施工阶段、调试和营运阶段。
- 施工单位文件材料应以标段合同或单位工程为基本立卷单元，按单位工程→分部工程→分项工程→文件类别顺序进行组卷。竣工图按单位工程、专业等组卷。

2）卷内文件的排列

- 文字材料一般按专业和形成的先后次序进行排列。
- 图纸按专业排列，同专业图纸按图号顺序排列。
- 既有文字材料又有图纸的案卷，文字在前，图纸在后。

3）注意事项

- 文字材料立卷厚度以 20 mm 左右组成一卷。
- 不同载体的信息应分别组卷。

4.5 信息借阅

本工程所有建设单位、全过程咨询单位和参建单位所拥有的关于本工程的所有信息资料均可通过提请借阅、征得对方同意后，可互相借阅。但部分重要文件（如政府批文、政府相关部门调阅文件等）只可现场查阅，不可以相互流转借阅，如果一定要借阅，只可以借阅复印件。

4.6 信息成果交付

本项目参建单位的成果性信息资料均需及时提交给全过程咨询单位，并由全过程咨询单位整理归档后提交给建设单位和相关部门。

4.7 项目来访人员信息管理工作

1）来访人员接待

来访人员接待工作由全过程咨询单位负责，供应商来访人员需提供该公司授权委托书或介绍信，否则不予接待。某些政府人员接待工作由建设单位直接负责。

2）来访人员分类

- 供应商—服务类、工程类、货物类。
- 政府部门人员。

3）来访人员信息收集

接待工作过程中应收集的信息包括：

- 企业名称。
- 企业“三证”复印件。
- 企业相关业务材料。
- 联系人姓名、职务、联系方式。

根据以上材料编制《来访人员信息登记表》。

5 文档管理

5.1 文档分类

项目部的资料立卷和归档工作由项目部资料员负责。项目管理资料可按内容分为 11 卷，主要包括以下内容。

卷号	卷名
第一卷	建设单位/项目管理方文件
第二卷	前期策划管理/立项文件
第三卷	报批报建管理
第四卷	投资管理/成本控制
第五卷	合同管理
第六卷	建设规划管理
第七卷	设计管理
第八卷	发包与采购管理
第九卷	现场管理
第十卷	信息与档案管理
第十一卷	验收与收尾管理

5.2　文件编码

建设单位项目管理服务业务文件，其中往来过程文件资料编码分为六段，具体的文件编码示意及规则如下。

WLSH1（××）	–	A01	–	TJEC	–	009	–	V1.0	–	190411

资料编码说明：

工程简码	乌梁素海流域山水林田湖草生态修复试点项目简写 WLSH1-××（项目编号）
卷　号	即资料的归档类别，详见《资料中心目录索引》
机构简称	即该份信息文件的来源主责单位的简称，详见《项目参与机构代码表》
文档序号	即该份资料在本类文件中的序号； 一般采用三位流水号（跨年不重新编号），也可根据资料实际情况，采用报告期等方法来编制
版本编号	即该文件当前处于的版本情况，起始为 V1.0，若后续版本改动变化较小，则可变动为 V1.1、V1.2 等，若改动变化较大，则可变动为 V2.0，以此类推
文件日期	即该文件编写的时间，格式为 180731

项目编号表：

类别	编号	项目（38 个）	总承包单位
土地	00		中建、中交
沙	01	乌兰布和沙漠防沙治沙示范工程	中建
	02	乌兰布和沙漠生态修复示范工程	
山	03	乌拉山北麓铁矿区矿山地质环境治理工程	中建、中交
	04	乌拉山南侧废弃沙坑矿山地质环境治理项目	
	05	乌拉山小庙子沟崩塌、泥石流地质灾害治理工程	
	06	内蒙古乌拉特前旗大佘太镇拴马桩—龙山一带废弃石灰石矿矿山地质环境治理项目	
林草	07	乌拉特前旗乌拉山南北麓林业生态修复建设项目	中建
	08	乌拉特前旗阿拉奔草原生态修复工程	中交
	09	湖滨带生态拦污工程	中交
水	10	乌梁素海流域排干沟净化工程	中建、中交
	11	九排干人工湿地修复与构建工程	中交
	12	八排干、十排干及总排干人工湿地修复与构建工程	中交
	13	乌梁素海生态补水通道工程	中建、中交
	14	乌梁素海海堤综合整治工程	中建、中交
	15	乌拉特前旗大仙庙海子周边盐碱地治理及湿地恢复工程	中交
	16	生物多样性保护工程	中建、中交

类别	编号	项目（38 个）	总承包单位
湖	17	西侧军分区湿地治理及湖区水道疏浚工程	中交
	18	北侧小海子湿地治理及湖区水道疏浚工程	中交
	19	水生植物资源化综合处理工程	中交
	20	乌梁素海湖区底泥处置试验示范工程	中交
田	21	农业投入品减排工程	中建、中交
	22	耕地质量提升工程	中建、中交
	23	农牧业废弃物回收与资源化利用工程	中建、中交
	24	乌拉特前旗污水处理厂扩建工程	中建、中交
	25	乌拉特前旗乌拉山镇再生水管网及附属设施工程	中建、中交
	26	乌拉特前旗污水处理厂改造工程及再生水厂建设工程	中建、中交
	27	乌拉特前旗“厕所革命”工程	中建、中交
	28	村镇一体化污水工程	中交
	29	乌拉特前旗村镇生活垃圾无害化处理（生活环境提改）工程	中建、中交
	30	乌梁素海生态产业园综合服务区（坝头地区）污水工程	中建
	31	临河区污水处理工程建设项目	临河区
	32	杭锦后旗污水处理工程	杭锦后旗
	33	五原县隆兴昌镇污水处理工程	五原县
	34	磴口县巴彦高勒镇污水处理工程	磴口县
能力建设	35	生态环境基础数据采集建设项目	生态环境局 自然资源局
	36	生态环境传输网络建设项目	生态环境局 自然资源局
	37	生态环境大数据平台建设项目	生态环境局 自然资源局
	38	地下水监测及物联网体系与绿色发展平台建设	生态环境局 自然资源局

项目参与机构代码表：

机构代码	机构简称	机构全称
NEKY	业主	内蒙古淖尔开源实业有限公司
TJEC	淖尔总部	同济咨询乌梁素海项目巴彦淖尔总部
TJEC1	前旗中交	同济咨询乌梁素海项目乌拉特前旗中交分部
TJEC2	前旗中建	同济咨询乌梁素海项目乌拉特前旗中建分部
TJEC3	磴口中建	同济咨询乌梁素海项目磴口中建分部
TJEC4	占补平衡	同济咨询乌梁素海项目耕地占补平衡分部
TJEC1.5	中建中交	中建中交共同实施项目相关文件

编码案例如下：

2019年4月29日召开的“乌梁素海流域山水林田湖草生态修复试点项目”前旗中交分部水生植物资源化处理工程第三次现场对接会议纪要的编码为 WLSH1（19）-PM11-TJEC1-003-V1.0-190429。

另外，当项目结项归档，所有的文件编号去掉版本号及时间即可。

5.3　文件分类、文件分类编码及归档要求

第一卷　建设单位/项目管理方文件		文件分类编码	项目部归档	建设单位归档	施工方提供
1.1	项目管理委托合同/委托书/补充协议	PM01	●	○	
1.2	项目管理大纲	PM02	●	●	
1.3	项目管理实施规划	PM03	●	●	
1.4	项目管理工作手册	PM04	●		
1.5	项目管理工作周报	PM05	●	●	
1.6	项目管理工作月报	PM06	●	●	
1.7	项目管理工作季报	PM07	●	●	
1.8	项目管理工作年报	PM08	●	●	
1.9	项目管理工作会议纪要	PM09	●		
1.10	内部专题会议纪要	PM10	●		
1.11	协调会/对接会会议纪要	PM11	●	○	
1.12	专题咨询报告/建议书/策划书	PM12	●	●	
1.13	工作联系函	PM13	●	●	
1.14	工作指令	PM14	●	●	
1.15	公函	PM15	●	●	
1.16	传真	PM16	●	●	
1.17	项目管理工作日志	PM17	●		
1.18	内部审批报告	PM18	●		

第一卷 建设单位/项目管理方文件		文件分类编码	项目部归档	建设单位归档	施工方提供
1.19	工时记录表	PM19	●	○	
1.20	项目管理工作小结/总结	PM20	●	●	
1.21	备忘录/通讯录	PM21	●		
1.22	政策发文、公文报告	PM22	●		
1.23	调研报告	PM23	●	●	

说明：项目管理委托合同/委托书/补充协议的文件分类编码按照经营部编码规则。

第二卷 项目前期策划管理/立项文件		文件分类编码	项目部归档	建设单位归档	施工方提供
2.1	项目建议书及附件	PL01	○	●	
2.2	项目建议书审批意见/批文	PL02	○	●	
2.3	项目环境评价报告书/报告表/登记表及附件	PL03	○	●	
2.4	项目环评批文	PL04	○	●	
2.5	项目节能评估报告书/报告表/登记表及附件	PL05	○	●	
2.6	项目节能审批意见/批文	PL06	○	●	
2.7	项目可行性研究报告/项目申请报告及附件	PL07	○	●	
2.8	项目可研报告/申请报告审批意见	PL08	○	●	
2.9	与项目立项工作有关的会议纪要、上级指令性文件	PL09	○	●	
2.10	项目建设管理总策划书	PL10	○	●	

第三卷 项目报批报建管理		文件分类编码	项目部归档	建设单位归档	施工方提供
3.1	选址申请及选址规划意见通知书	AP01	○	●	
3.2	用地申请报告及建设用地批准书/土地招拍挂资料	AP02	○	●	
3.3	拆迁安置意见、协议、方案等	AP03	○	●	
3.4	国有土地使用证	AP04	○	●	
3.5	《建设工程规划设计要求通知单》及附件/审批意见	AP05	○	●	
3.6	《建设工程规划设计方案》批文及附件	AP06	○	●	
3.7	《建设用地规划许可证》及其附件	AP07	○	●	
3.8	初步设计审批意见	AP08	○	●	
3.9	《建设工程规划许可证》	AP09	○	●	
3.10	建设工程开工审查表	AP010	○	●	
3.11	《建设工程施工许可证》	AP011	○	●	
3.12	质量、安全报监资料	AP012	○	●	●

第四卷 投资管理/成本控制		文件分类编码	项目部归档	建设单位归档	施工方提供
4.1	投资管理（投资结构分解）策划书	IN01	●	●	
4.2	投资估算审批资料	IN02	●	●	
4.3	设计概算审批/调整资料	IN03	●	●	
4.4	施工图预算审批资料	IN04	●	●	
4.5	各类（勘察设计、监理、材料等）支付审批意见书	IN05	●	●	
4.6	月工程进度款支付审批意见	IN06	●	●	
4.7	工程变更/合同价变更审批意见	IN07	●	●	
4.8	年度投资计划调整报告	IN08	●	●	
4.9	月/季度投资动态分析报告	IN09	●	●	
4.10	工程索赔与反索赔处理资料	IN10	●	●	
4.11	工程结算书/审批意见	IN11	●	●	
4.12	竣工决算报告	IN12	●	●	
4.13	投资管理工作总结报告	IN13	●	●	

第五卷 合同管理		文件分类编码	项目部归档	建设单位归档	EPC 方提供
5.1	合同管理（合同结构分解、合同模式）策划书	CO01	●	●	
5.2	合同管理台账	CO02	●	●	
5.3	各类咨询（可研、环评、造价、监理等）合同文本	CO03	○	●	
5.4	勘察、设计合同（专业设计分包合同）	CO04	○	●	●
5.5	施工合同（专业分包合同）	CO05	○	●	●
5.6	甲供材料、设备合同	CO06	○	●	
5.7	合同变更、补充协议	CO07	○	●	●
5.8	合同执行过程跟踪管理（争议、违约处理）资料	CO08	●	●	●
5.9	合同管理工作总结报告	CO09	●	●	

第六卷 建设计划管理		文件分类编码	项目部归档	建设单位归档	施工方提供
6.1	计划管理策划书	PR01	●	●	
6.2	建设总进度计划（里程碑计划）	PR02	●	●	
6.3	项目报批报建计划及调整	PR03	●	●	
6.4	设计进度计划及调整	PR04	●	●	
6.5	招投标与采购进度计划及调整	PR05	●	●	
6.6	施工进度计划及调整	PR06	●	●	●
6.7	验收进度计划及调整	PR07	●	●	●
6.8	进度计划执行与过程管理资料	PR08	●	●	●
6.9	进度管理工作总结报告	PR09	●	●	

第七卷 设计管理		文件分类编码	项目部归档	建设单位归档	施工方提供
7.1	设计管理策划书	DE01	●	●	
7.2	项目功能分析资料	DE02	●	●	
7.3	项目设计任务书及补充	DE03	●	●	
7.4	设计过程协调资料	DE04	●	●	
7.5	施工图审图意见书	DE05	●	●	
7.6	方案设计	DE06	●	●	●
7.7	扩初设计	DE07	●	●	●
7.8	施工图设计	DE08	●	●	●
7.9	招标图设计	DE09	●	●	●
7.10	设计交底/图纸会审资料	DE10	●	●	●
7.11	设计变更审批资料	DE11	●	●	●
7.12	工程洽商资料	DE12	●	●	●
7.13	工程（专业工程）竣工图审查/审批资料	DE13	●	●	●
7.14	设计说明	DE14	●	●	●

第八卷 发包与采购管理		文件分类编码	项目部归档	建设单位归档	施工方提供
8.1	发包与采购管理策划书	TE01	●	●	
8.2	发包与采购策划书	TE02	●	●	
8.3	勘察招、投标文件资料及中标通知书	TE03	○	●	
8.4	设计（专业设计）招、投标文件资料及中标通知书	TE04	○	●	
8.5	施工（专业施工）招、投标文件资料及中标通知书	TE05	○	●	
8.6	监理招、投标文件资料及中标通知书	TE06	○	●	
8.7	甲供、甲酯材料设备采购清单	TE07	●	●	
8.8	甲供、甲酯材料设备采购资料	TE08	○	●	
8.9	发包与采购中标单位汇总管理台账	TE09	●	○	
8.10	发包与采购管理工作总结	TE10	●	●	

第九卷 现场管理		文件分类编码	项目部归档	建设单位归档	施工方提供
9.1	现场管理策划书	SI01	●	●	
9.2	开工报告及监理审批意见	SI02	○	●	●
9.3	施工组织设计/方案及监理审批意见	SI03	○	●	●
9.4	监理规划及审批意见	SI04	●	●	
9.5	监理（质量、安全）工作月报	SI05	○	●	
9.6	施工总包单位专题报告	SI06	○	●	●
9.7	监理单位专题报告	SI07	○	●	
9.8	质量/安全事故处理资料	SI08	●	●	●
9.9	现场管理工作总结报告	SI09	●	●	
9.10	监理通知单	SI10	●	○	
9.11	监理周报	SI11	●	○	
9.12	前旗中交日报	SI12	●	○	
9.13	前旗中建日报	SI13	●	○	
9.14	磴口中建日报	SI14	●	○	
9.15	占补平衡日报	SI15	●	○	
9.16	监理例会会议纪要	SI16	●	○	

第十卷 信息与档案管理		文件分类编码	项目部归档	建设单位归档	施工方提供
10.1	信息与档案管理策划书	AR01	●	●	
10.2	信息与档案管理台账	AR02	●	○	
10.3	项目联系人名单	AR03	●	●	●
10.4	发文登记表	AR04	○	●	
10.5	收文登记表	AR05	○	●	
10.6	工程照片资料	AR06	●电子	●电子	●
10.7	工程录像资料	AR07	●电子	●电子	●
10.8	建设项目电子（光盘）资料	AR08	●	●	●
10.9	信息与档案管理工作总结	AR09	●	●	

卷十一　验收与收尾管理		文件分类编码	项目部归档	建设单位归档	施工方提供
11.1	验收与收尾管理策划书	AC01	●	●	
11.2	验收管理工作计划	AC02	●	●	
11.3	竣工资料验收报告	AC03	●	●	●
11.4	专业工程质量验收报告	AC04	●	●	●
11.5	施工总承包单位工程竣工报告	AC05	●	●	●
11.6	监理单位质量评估报告及合格证明书	AC06	●	●	
11.7	竣工验收资料	AC07	●	●	●
11.8	竣工备案证明	AC08	●	●	●
11.9	项目移交培训资料	AC09		●	●
11.10	固定资产产权证明资料	AC10	○	●	
11.11	验收与收尾管理工作总结报告	AC11	●	●	

说明："●"表示资料原件，"○"表示资料复印件。

日常管理中，文件资料除以纸质版保存外，同时需要保留原格式电子版，当确有困难时，需对文件进行扫描保存电子版文件，并且电子版与纸版文件资料要一一对应。最后移交时需要上交刻录好的所有文件资料的光盘。

6 表格式样

表 1：工作联席会议建议书

工作联席会议建议书

文件编号：

<table>
<tr><td>致：____________________
事由：
建议由以下单位参加__________工作联席会议：
1．建设单位：
2．全过程咨询单位：
3．EPC 总承包单位：
4．其他单位：
会议时间建议定在______年___月___日__时，于（地址）______________举行。会议内容或议程：

单位（章）：　　　　　　　　　　项目经理：

日　　期：</td></tr>
<tr><td>建设单位意见：

经研究，同意/不同意举行此项会议。

年　月　日</td></tr>
</table>

表 2：信息资料借阅申请表

信息资料借阅申请表

文件编号：

申请事由			
申请时间		申请单位	
联系人		联系方式	

致_______________

兹介绍我司_____________等___________同志，前往____________________________，特申请________________________________，并在___年___月___日之前交我司为盼。

申请单位（盖章）

年　　月　　日

表 3：来访人员信息登记表

来访人员信息登记表

文件编号：

序号	企业名称	来访者姓名	联系人/职务	联系电话	拜访时间	备注
1						
2						
3						
4						
5						
6						
7						
8						
9						
10						
11						
12						
13						
14						
15						
16						
17						
18						
19						

表 4：会议纪要

会议纪要

文件编号：

会议时间		会议地点	
会议主题		会议记录	
参加人员			

申请单位（盖章）

年 月 日

纪要确认：

建设单位：__________ 全过程咨询单位：__________ EPC 总承包单位：__________

表 5：工作联系函

工作联系函

<table>
<tr><td colspan="2" rowspan="3">乌梁素海流域山水林田湖草生态
保护修复试点工程</td><td>文件编号 Ref Number：</td><td></td></tr>
<tr><td>日期　Date：</td><td></td></tr>
<tr><td>页数　Pages：</td><td></td></tr>
<tr><td>主送　To：</td><td colspan="3"></td></tr>
<tr><td>抄送　Cc：</td><td colspan="3"></td></tr>
<tr><td colspan="4">主题　Subject：</td></tr>
</table>

说明：工作联系函只起指导作用，除非工程师说明，否则不得索取额外费用。

表 6：工程师函

工程师函

致：______________________________

抄送：____________________________

事宜：____________________________

文件编号：

正　　　文

（发文单位）

年　月　日

表 7：介绍函申请表

介绍函申请表

文件编号：

申请事由		
申请时间	申请单位	
回执时间	回执方式	书面介绍函
联系人	联系方式	

×××：

兹介绍我司__________等_____位同志，近期前往________________接洽________________工作。

请贵处于____年___月___日前，将该介绍函开具完成，并交我司为盼。

申请单位（盖章）

年　月　日

表 8：收文登记表

收文登记表

文件编号：

序号	来文单位	文件编号	标题/内容	页数	时间	签收人	备注
1							
2							
3							
4							
5							
6							
7							
8							
9							

表 9：发文登记表

发文登记表

项目名称：　　　　　　　　　　　　　　　　文件编号：

序号	文件编码	标题/内容	页数	收文单位	签收人	时间	备注

乌梁素海流域山水林田湖草生态保护修复试点工程会议、报告管理办法

WLSH1-PM02-TJEC-020

1　总则

1.1　编制依据

乌梁素海流域山水林田湖草生态保护修复试点工程资料及管理规定。

1.2　编制目的

为加强项目管理工作的沟通和协调，规范项目会议和报告的管理，切实保障会议、报告质量和实际效果，特制定本管理办法。

1.3　适用范围

本管理办法适用于乌梁素海流域山水林田湖草生态保护修复试点工程会议、报告管理有关的工作。

1.4　管理职责

1）建设单位管理职责

- 批准项目会议和报告制度。
- 检查参建各方落实项目会议精神情况，并参加必要的例会。
- 审阅参建各方定期、不定期上报的项目实施情况的报告。
- 要求召开临时管理会议，解决突发和重大事项。

2）全过程咨询单位（项目管理部）管理职责

- 建立项目会议和报告制度。
- 组织除监理例会之外的各类会议，督促参建各方落实项目会议精神和报告制度，

并参加必要的会议。

- 定期向建设单位报告项目的实施情况。
- 在必要时，随时组织和协调召开管理会议，随时向建设单位报告影响项目实施的重大事件。
- 完成建设单位交办的其他相关工作。

3）全过程咨询单位（工程监理机构）管理职责

- 协助建立项目会议和报告制度。
- 组织每周的监理例会，协助组织项目会议和临时会议，并参加必要的会议。
- 定期向建设单位和全过程咨询单位报告项目的工程监理情况。
- 在必要时，建议和协助组织召开管理会议，随时向建设单位报告影响项目监理实施的重大事件。
- 完成建设单位交办的其他相关工作。

2 会议管理制度

2.1 会议类型

本项目会议类型包括碰头会、监理例会、安全例会、质量例会、专题会议（进度、质量、安全等）等。

2.2 会议参会人员及主要内容

1）碰头会

- 由建设单位项目负责人、现场负责人、全过程咨询单位项目负责人、EPC总承包单位项目负责人按需要参会。
- 全过程咨询单位汇报前期工作和下一步工作计划、工作重点，并协调解决当前遇到问题或困难。
- 建设单位对需要确定事项作出决定或要求召开专题会议协调解决。

2）监理例会、安全例会、质量例会

- 由建设单位项目负责人、现场负责人、全过程咨询单位相关主要人员、EPC 总承包单位项目经理、技术负责人、质量负责人、安全负责人参加，设计代表按需要参会。
- EPC总承包单位逐一汇报承包范围内的有关质量、安全、进度等主要内容，并对全过程咨询单位提出整改要求的响应情况，提出需要协调解决事项。
- 全过程咨询单位（工程监理机构）对有关施工质量、安全、进度等主要内容进行总结，对 EPC 总承包单位整改内容的监督、复查情况进行通报，并对 EPC 总承包单位需要协调解决事项作出独立的评价或建议。

- 全过程咨询单位总结本周工作并提出要求，协调解决本周遇到的问题或困难。
- 建设单位提出要求，对需要协调解决问题提出处理意见或要求召开专题会议。
- 其他例会可以参照执行。

3）专题会议

- 由建设单位或全过程咨询单位组织，并在会议通知中确定参会人员。
- 由组织人说明会议主题，各参会单位和人员发表意见或建议，经过充分讨论、协调统一意见或提出解决办法，并形成会议纪要。

3 报告管理制度

3.1 报告类型

本项目报告类型包括项目管理日报表、项目管理周报、项目管理月报、监理周报、监理月报、施工周报、施工月报等。

3.2 报告主要内容

1）项目管理报表

- 项目管理日报反映当天现场施工内容及安全文明、质量隐患及针对措施，指令签发情况，以及布置任务的落实情况，并附反映施工进度、质量和施工现场安全文明的照片。项目管理日报每天上午报告。
- 项目管理周报反映当周质量、安全、进度、前期手续办理等方面的重大事项，合同、付款等方面的问题，以及一些亟待解决的问题；简述当周进度、质量、安全文明施工、前期手续办理、综合管理等各方面工作情况；附反映当周项目进展、质量、安全文明施工的照片。项目管理周报每周五报告。
- 项目管理月报反映本期进度、质量、安全文明施工、前期手续办理、综合管理等各方面工作情况；亟待解决的问题；附反映本期项目进展、质量、安全文明施工的照片。项目管理月报每月 5 日前报告。

2）监理报表

- 监理周报反映上周进度计划和实际完成情况，有对比分析；当周质量情况、质量整改情况以及与质量有关的记录（如通知单、联系单、旁站记录等）；本周安全文明施工整改情况以及与安全文明施工有关的记录（如通知单、巡检记录等），当前存在需要解决、协调事宜。监理周报每周三报告。

- 监理月报反映上月工程进度控制情况，包括工程形象进度、计划进度与实际进度的对比、本期进度控制方面的主要问题分析及处理情况。工程质量控制情况，包括：分部分项工程验收情况；材料、构配件、设备进场检验情况；主要施工试验情况；本期工程质量控制方面的主要问题分析及处理情况。安全生产管理的监理工作，包括：本期施工安全评述；施工单位安全生产管理方面的主要问题分析及处理情况。文明施工管理的监理工作，包括：文明施工情况；文明施工管理方面的主要问题分析及处理情况。工程造价控制，包括：本期投资完成情况；已完工程量与已支付工程款的统计及说明；工程量与工程款支付方面的主要问题分析及处理情况。合同及其他事项，包括：本期合同及其他事项的管理工作情况；合同及其他事项管理方面的主要问题分析及处理情况；本月监理工作统计；下月工作重点及建议；工程照片及影像等。监理月报每月 5 日前报告。

3）施工报表

- 施工周报反映上周进度计划和实际完成情况，有对比分析；进度滞后时，应提出纠偏措施，并详细列明人、机、料、法等方面的保障性措施；当周质量情况和质量整改完成情况；当周安全文明施工情况、安全文明整改完成情况；存在需要解决、协调事宜。施工周报每周三报告。
- 施工月报反映上月工程进度情况，包括工程形象进度、计划进度与实际进度的对比等，以及对进度滞后采取的措施或解决办法。工程质量情况，包括分部分项工程验收情况，材料、构配件、设备进场情况，本期工程质量方面存在的主要问题及解决办法。安全生产文明施工方面，包括：本期施工安全文明情况，安全生产、文明施工方面存在的主要问题及采取的措施或解决办法；本月工程签证、合同等反映工程造价变动方面的信息；其他事项存在的主要问题及处理情况；下月施工安排、工程照片及影像等，施工月报每月 25 日报告。

乌梁素海流域山水林田湖草生态保护修复试点工程档案管理办法

WLSH1-PM02-TJEC-021

1　总则

1.1　编制目的

乌梁素海流域山水林田湖草生态保护修复试点工程（以下简称“试点工程”）是国家山水林田湖草第三批工程试点项目，是国家、自治区重点工程。为加快试点工程项目标准化建设进程，规范项目文件的整理、归档，加强对项目资料的统筹管理，做到统一标准、统一要求、统一存放、统一管理，有力支撑试点工程创优工作，特制定本管理办法。

1.2　适用范围

本管理办法适用于乌梁素海流域山水林田湖草生态保护修复试点工程文件的整理、归档。

1.3　总体要求

各参建单位应严格按照本管理办法规定、《建设工程文件归档规范》（GB/T 50328—2019）以及内蒙古自治区巴彦淖尔市档案馆的要求对工程资料进行归档组卷。

2　基本规定

- 工程文件应真实有效，与工程建设进度同步形成，不得事后补编。
- 对与工程建设有关的重要活动、记载工程建设主要过程和现状、具有保存价值的各种载体的文件，均应收集齐全、整理立卷后归档。
- 归档文件应不少于 4 套，一套（原件）应移交城建档案管理机构保存、一套移交内蒙古淖尔开源实业有限公司保管、一套移交内蒙古乌梁素海流域投资建设有限公司保管，一套移交工程运营单位保管。

- 各项目应编制电子文件档案，随纸质档案一并归档、移交。电子文件的内容必须与其纸质档案完全一致，应采用一次性写入DVD光盘，光盘不应有磨损、划伤。电子文件的存储格式应符合下表所列格式要求。

文件类别	格式
文本（表格）文件	PDF、XML、TXT
图像文件	JPEG、TIFF
图形文件	DWG、PDF、SVG
影像文件	MPEG2、MPEG4、AVI
声音文件	MP3、WAV

- 勘察、设计、施工、监理等单位应将本单位形成的工程文件按要求立卷后移交。
- 工程影像资料参照《乌梁素海流域山水林田湖草生态保护修复试点工程影像资料收集管理办法》及《照片档案管理规范》(GB/T 11821—2002)的要求执行。

3 归档文件范围

- 通用部分。除水利专业外的其他子项目按以下文件归档范围收集、整理。

A类	A工程准备阶段文件
A1	立项文件
A2	建设用地、拆迁文件
A3	勘察设计文件
A4	招投标文件
A5	开工审批文件
A6	工程造价文件
A7	工程建设基本信息
B类	B 监理资料
B1	监理管理文件
1	监理中标通知书及监理单位资质
2	监理机构成立及监理机构公章启用函
3	总监理工程师任命书

4	监理规划
5	监理实施细则
6	监理月报
7	监理会议纪要
8	监理工作日志
9	监理工作总结
10	工作联系单
11	监理通知单及回复
12	工程暂停令
13	工程复工报审表
B2	进度控制文件
1	工程开工报审表
2	施工进度计划报审表
B3	质量控制文件
1	旁站记录
2	见证取样和送检人员备案表
3	见证记录
4	工程技术文件报审表
B4	造价控制文件
1	工程款支付文件
2	工程变更费用报审表
3	费用索赔申请表、审批表
B5	工期管理文件
1	工程延期申请表
2	工程延期审批表
B6	监理验收文件
1	工程竣工移交书
2	监理资料移交书

备注：其余资料根据工程情况按照《内蒙古市政基础设施工程资料管理规程应用指南》中附2中由施工单位提供监理归档保存资料整理。

C类	C 施工资料
C1	施工管理文件
1	工程概况表
2	施工现场质量管理检查记录
3	企业资质证书及相关专业人员岗位证书
4	分包单位资质报审表
5	建设单位质量事故勘察记录

6	建设工程质量事故报告书
7	施工检测计划
8	见证试验检测汇总表
9	施工日志
C2	施工技术文件
1	工程技术文件报审表
2	施工组织设计及施工方案
3	危险性较大分部分项工程施工方案
4	技术交底记录
5	图纸会审记录
6	设计变更通知单
7	工程洽商记录（技术核定单）
C3	进度造价文件
1	工程开工报审表
2	工程复工报审表
3	施工进度计划报审表
4	施工进度计划
5	工程延期申请表
6	工程款支付报审表
7	工程变更费用报审表
8	费用索赔申请表
C4	施工物资资料
C5	施工记录文件
C6	施工试验记录及检测文件
C7	施工质量验收文件
C8	施工验收文件
1	单位（子单位）工程竣工预验收报验表
2	单位（子单位）工程质量竣工验收记录
3	单位（子单位）工程质量控制资料核查记录
4	单位（子单位）工程安全和功能检验资料核查及主要功能抽查记录
5	单位（子单位）工程外观质量检查记录
6	施工资料移交书
7	其他施工验收文件
D类	D 竣工图
E类	E 工程竣工文件
E1	竣工验收与备案文件
1	勘察设计单位工程评价意见报告
2	施工单位工程竣工报告
3	监理单位工程质量评估报告
4	建设单位工程竣工报告

5	工程竣工验收会议纪要
6	专家组竣工验收意见
7	工程竣工验收证书
8	规划、消防、环保等部门出具的认可或准许使用文件
9	工程质量保修单
10	基础设施工程竣工验收与备案表
11	工程档案预验收意见
12	档案移交书
13	其他竣工验收与备案文件
E2	竣工决算文件
1	施工决算文件
2	监理决算文件
E3	工程声像文件
1	开工前原貌、施工阶段、竣工新貌照片
2	工程建设过程的录音、录像文件
E4	其他工程文件

- 水利专业项目。水利专业各子项目以及其他项目中水利专业部分按以下文件归档范围收集、整理。

A类	A 工程准备阶段文件
A1	立项文件
A2	建设用地、拆迁文件
A3	勘察设计文件
A4	招投标文件
A5	开工审批文件
A6	工程造价文件
A7	工程建设基本信息
B类	B 监理资料
B1	监理管理文件
1	监理中标通知书
2	建设监理合同书及监理单位资质
3	监理机构成立及监理机构公章启用函
4	授权委托书、监理委派函
5	总监理工程师任命书
6	监理人员资质证书
7	监理规划
8	监理实施细则
9	监理通知单及回复
10	监理会议纪要

11	往来文件
12	收发文登记表
13	强制性条文检查的情况
14	监理月报
15	监理日志
16	监理工作报告
B2	进度控制文件
1	工程项目划分认定通知
2	工程项目划分报审表
3	项目划分
4	合同项目开工通知
5	合同项目开工批复
6	合同项目开工申请表
7	现场组织机构及主要人员报审表及批复
8	施工技术方案申请表及批复
9	施工组织设计
10	施工进度计划申报表及批复
11	分部工程开工批复
12	分部工程开工申请表及其附件
13	停、复、返工令
B3	质量控制文件
1	施工图纸核查意见单
2	工程设备进场开箱验收单
3	仪器检定证书
4	材料检测机构资质证书
5	材料/构配件进场报验单
6	检查机构资质证书及实验人员证书
7	工程材料监理检查、复检实验记录报告
8	旁站监理记录
9	监理巡视记录
10	监理抽检记录
11	监理平行检验
12	测量成果及定位、放样报验单
B4	造价控制文件
1	工程款支付文件
2	设计变更价格审查文件
3	工程变更申请及批复文件
4	费用索赔文件

B5	工期管理文件
1	工程延期申请表
2	工程延期审批表
B6	监理验收文件
1	单位（子单位）工程质量评定认证（附外观质量评定表）
2	主要材料及工程投资计划、完成报表
3	工程竣工移交书
4	监理资料移交书

备注：其余资料根据工程情况按照《内蒙古水利水电工程单元工程施工质量验收评定表及填表指导读本》中监理归档保存资料整理。

C类	C 施工资料
C1	施工管理文件
1	施工单位营业执照、三大体系认证证书
2	中标通知书
3	施工发承包合同、协议
4	关于成立施工项目经理部的报告及公章启用函 （项目经理须与投标文件中项目经理一致）
5	现场组织机构人员报审表（机构图、人员职责、分工、人员资质证等。人员资质证书年检不能过期）
6	施工单位往来文件（公司、项目部文件、施工月报、监理通知-施工单位回复、会议纪要、月进度支付、工程量计量及相关附件（三检制记录）、价款结算、已完工程量汇总表）
7	施工日志、施工月报
8	施工管理报告
C2	施工技术文件
1	合同工程开工通知（*总监签字、盖章）
2	合同工程开工批复（*总监签字、盖章）
3	合同项目开工申请表
4	施工技术方案报审、审批表、施工组织设计或施工工法。附：（施工单位质量保证体系资料、技术标准、奖罚制度、安全、环境、仪器检测报告单）
5	施工设备进场设备报验单
6	材料/构配件进场报验单
7	施工进度计划申报、横道图（施工用图计划申报）
8	工程项目划分报审表、项目划分表
9	施工放样报验单
10	分部工程开工申请、分部工程开工批复（后附分部工程施工工法）
11	测量定位放样记录、施工测量放线记录（现场第一手资料）
12	施工测量成果报验
13	工程设计变更

C3	进度造价文件
1	工程开工报审表
2	工程复工报审表
3	施工进度计划报审表
4	施工进度计划
5	工程延期申请表
6	工程款支付报审表
7	工程变更费用报审表
8	费用索赔申请表
C4	施工质保资料
1	原材料、设备合格证及中间产品检测包括设备、原材料、中间产品检测报告单、合格证见证取样单
	（1）出厂合格证及出厂检测证明
	（2）相关检测机构资质认定
	（3）原材料及中间产品检测资料
2	混凝土浇筑开仓报审表
	（1）混凝土配合比试验报告
	（2）预拌混凝土开盘鉴定、预拌混凝土配合比通知单、预拌混凝土出厂质量证明
3	混凝土抗冻试件检查报告单
4	混凝土抗压强度试验报告、混凝土抗渗试验报告
5	钢筋物理性能试验报告（钢筋质量检验报告）、钢筋焊接接头试验报告
6	水泥砂浆配合比试验报告
7	砂浆抗压强度试验报告（砂浆试块）
8	砂子试验报告（细骨料检验报告）
9	碎石或卵石试验报告（粗骨料检验报告）
10	水泥物理性能试验报告（水泥检验报告）
11	土工试验检测报告、击实试验成果表（击实试验）
12	土工试验检测报告（土方回填、渠道土方回填碾压试验）附：干密度与碾压遍数的关系曲线图、碾压试验结果
13	土工试验检测报告、土的干密度测试报告、土方填筑干密度检测记录表（干密度试验室抽检）
C5	施工质量评定文件
1	基础工序、单元、分部、单位质量的评定和隐蔽验收等原始自检质量记录资料
2	单位工程验收鉴定书 单位工程质量评定表（附在第一分部资料前） （参验各单位负责人签字齐全）
3	外观质量评定表（堤防、建筑物）
4	分部工程验收鉴定书
5	分部工程验收申请报告
6	分部工程质量评定表
7	单元工程质量评定表
8	重要隐蔽单元工程（关键部位单元工程）质量等级签证表

注：表格内不允许有错误修改，如发现表格填写错误，必须重新打印，不得手工修改，手写文字发生错误时，用双画线画掉，并在右上方书写正确的文字，不允许刮、涂，更不允许进行覆盖。

D 类	D 竣工图（须有总监签字）
E 类	E 工程竣工文件
E1	竣工验收与备案文件
1	工程设计工作报告
2	施工管理工作报告
3	工程建设监理工作报告
4	运行管理工作报告
5	建设管理工作报告
6	工程竣工验收会议纪要
7	工程竣工验收鉴定书
8	工程质量保修单
9	基础设施工程竣工验收与备案表
10	工程档案预验收意见
11	档案移交书
12	其他竣工验收与备案文件
E2	竣工决算文件
1	施工决算文件
2	监理决算文件
E3	工程声像文件
1	开工前原貌、施工阶段、竣工新貌照片 （重点工程要有工程施工前后影像资料对比） （标注工程名称、时间、地点、内容、作者）
2	工程建设过程的录音、录像文件
E4	其他工程文件

4　归档文件质量要求

- 归档的纸质文件应为原件。
- 工程文件的内容及其深度应符合国家现行有关工程勘察、设计、施工、监理等标准的规定。
- 工程文件的填写应符合《内蒙古水利水电工程单元工程施工质量验收评定表及填表指导读本》（水利专业项目及其他项目中水利专业部分）、《内蒙古市政基础设施工程施工资料管理规程应用指南》（其他专业项目）的要求。

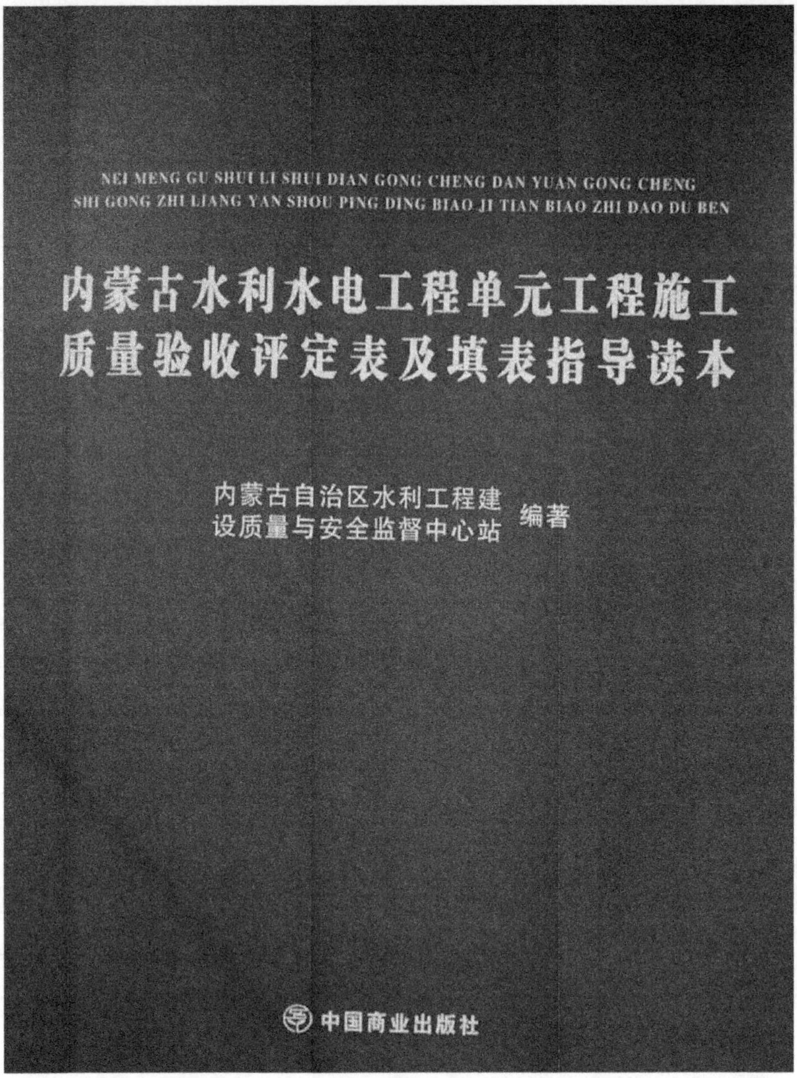

图 1　内蒙古水利水电工程单元工程施工质量验收评定表及填表指导读本

图 2　内蒙古市政基础设施工程资料管理规程应用指南

- 其他未尽事宜按《建设工程文件归档规范》（GB/T 50328—2019）的要求执行。

5　立卷要求

- 立卷应遵循工程文件的自然形成规律和工程专业的特点，保持卷内文件的有机联系，便于档案的保管和利用。
- 工程文件应按不同的形成、整理单位及建设程序，按工程准备阶段文件、监理文件、施工文件、竣工图、竣工验收文件分别进行立卷，并可根据数量多少组成一卷或多卷。

- 工程准备阶段文件应按建设程序、形成单位等进行立卷；监理文件应按单位工程、分部工程或专业、阶段等进行立卷；施工文件应按单位工程、分部（分项）工程进行立卷；竣工图应按单位工程分专业进行立卷；竣工验收文件应按单位工程分专业进行立卷。
- 案卷应统一采用胶装形式，使用巴彦淖尔市档案馆标准无酸纸档案盒保存，建议选用厚度为 50 mm 的档案盒。
- 卷内目录、卷内备考表、案卷内封面宜采用 70 g 以上 A4 白色书写纸制作。
- 案卷不宜过厚，文字材料卷厚度不宜超过 20 mm，图纸卷厚度不宜超过 50 mm。
- 案卷内不应有重份文件。印刷成册的工程文件宜保持原状。
- 其他未尽事宜按《建设工程文件归档规范》（GB/T 50328—2019）及《建设项目档案管理规范》（DA/T 28—2018）的规定执行。

附 1：案卷封面式样示例

案卷封面式样示例

档　　号________________________

案卷题名____乌梁素海生态产业园综合服务区____

____（坝头地区）污水工程____

____B 类 监理资料____

编制单位____上海同济工程咨询有限公司____

编制日期____2020 年____

密　　级________保管期限________

共____1____卷　　　　　　第____1____卷

档　　号________________________

案卷题名　乌梁素海生态产业园综合服务区

（坝头地区）污水工程

C类 施工资料

编制单位　中交第三公路工程局有限公司

起止日期　2020年

密　　级　　　　　　保管期限

共　1　卷　　　　　　第　1　卷

案卷封面式样图

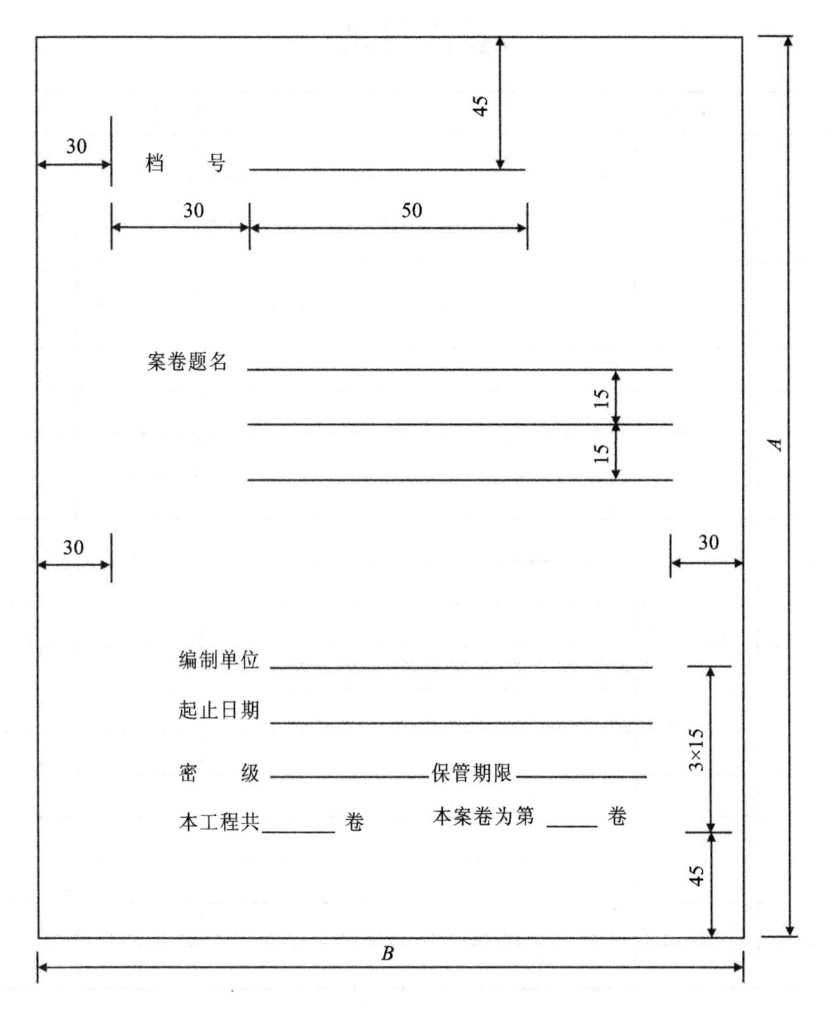

注：1. 卷盒、卷夹封面 $A \times B$=310×220；2. 案卷封面 $A \times B$=297×210；3. 尺寸单位统一为 mm，比例：1∶2。

附 2：卷内目录式样

卷内目录

序号	文件编号	责任者	文件题名	日期	页次	备注

卷内目录式样图

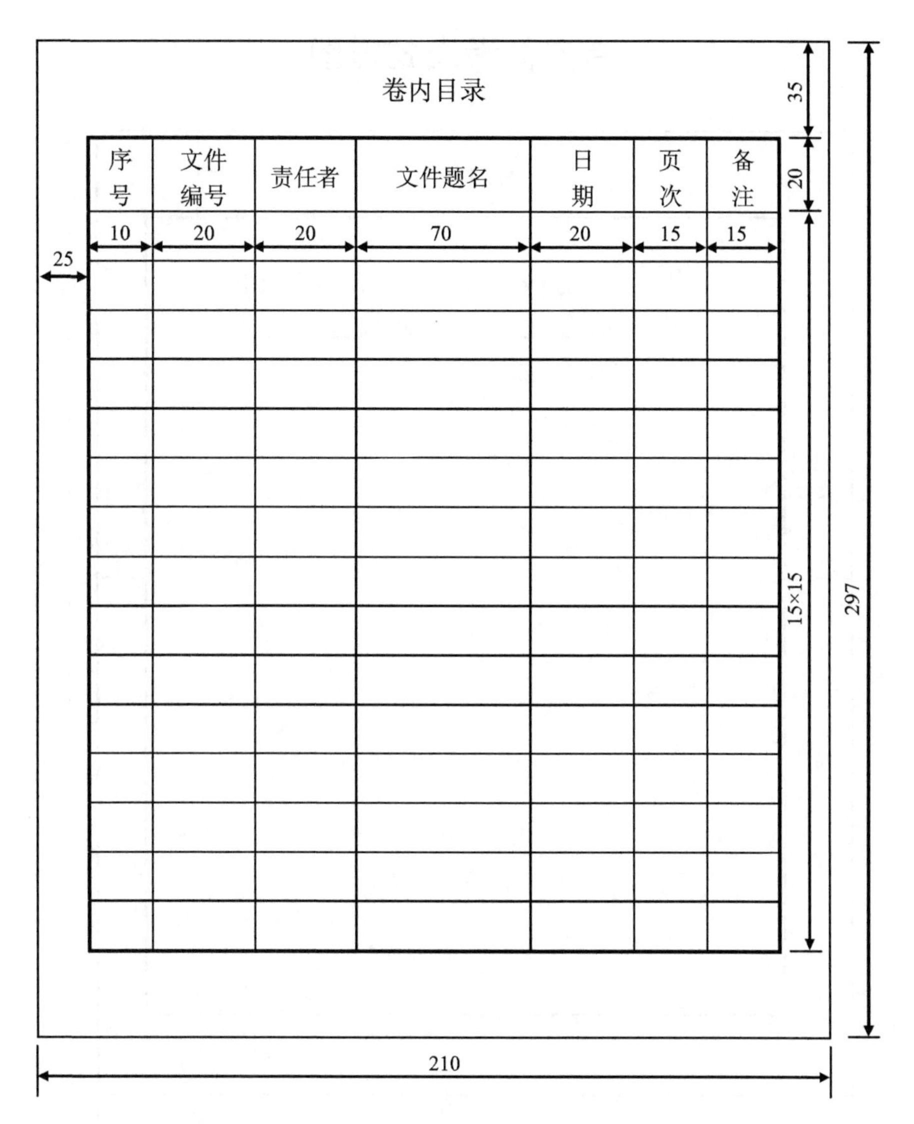

注：1. 尺寸单位统一为 mm；2. 比例：1∶2。

附 3：卷内备考表式样图

卷内备考表式样图

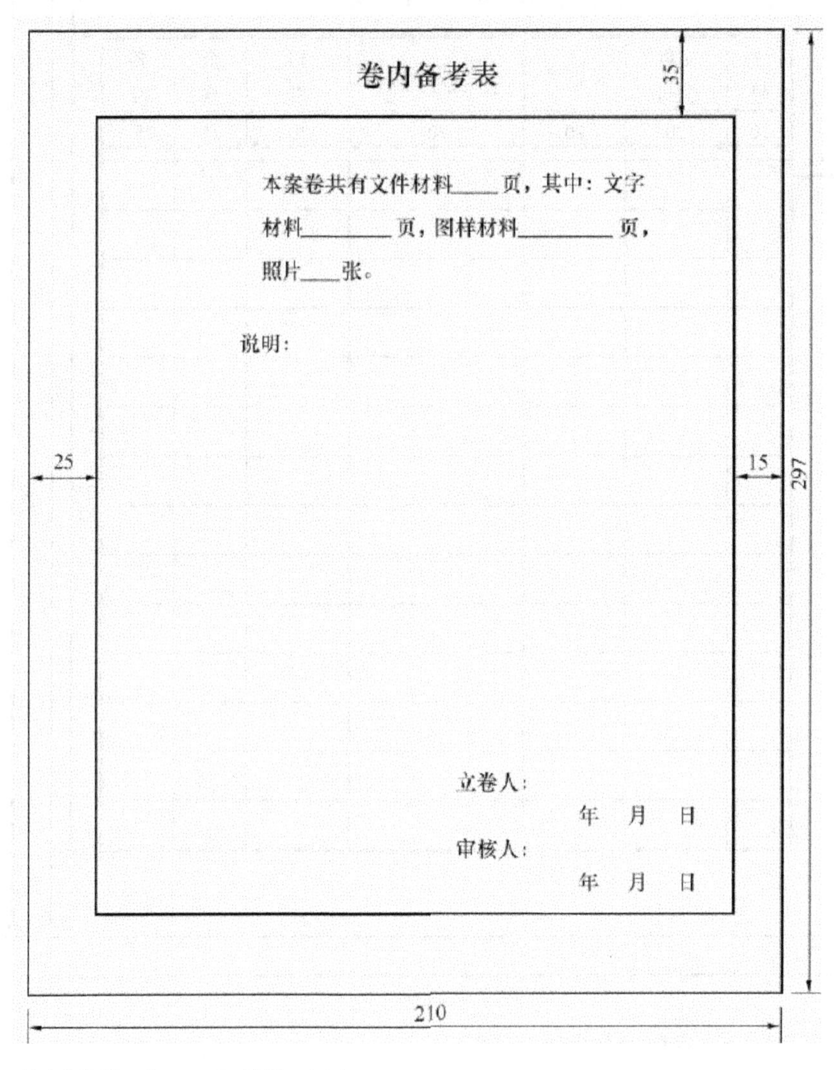
卷内备考表

本案卷共有文件材料____页，其中：文字材料________页，图样材料________页，照片____张。

说明：

立卷人：

年 月 日

审核人：

年 月 日

注：1. 尺寸单位统一为 mm；2. 比例：1∶2。

附 4：案卷脊背式样图

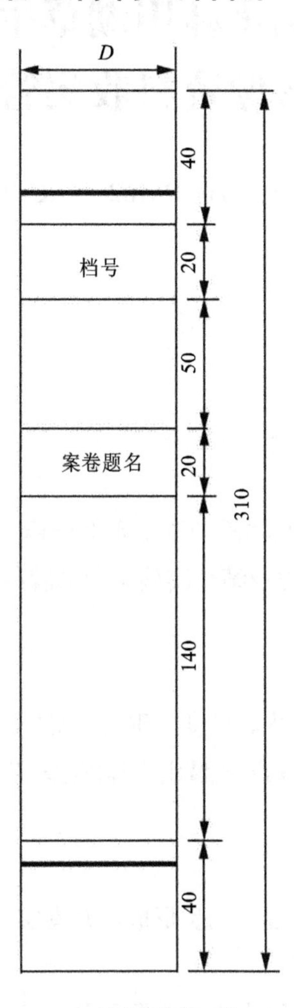

注：1. D=20 mm、30 mm、40 mm、50 mm；2. 尺寸单位统一为 mm，比例：1∶2。

乌梁素海流域山水林田湖草生态保护修复试点工程影像资料收集管理办法

WLSH1-PM02-TJEC-022

1 总则

1.1 编制目的

为了加快乌梁素海流域山水林田湖草生态保护修复试点工程标准化建设进程，提高工程资料的可追溯性，展现工程业绩，实施企业品牌战略，特制定本管理办法。

1.2 适用范围

本管理办法规定了管理、技术、进度、质量、安全、施工前后对比、影响资料的制作、传递、归档等程序，适用于乌梁素海流域山水林田湖草生态保护试点工程的所有子项目。

2 基本规定

- 影像资料应与工程建设过程同步形成，并真实反映施工进展、实体质量控制、施工前后对比效果等内容。
- 影像资料由施工单位专职人员按照职责分工分别进行拍摄和归集整理。
- 专职人员应于每月 25 日之前，将本月收集整理的影像资料整理后，随管理月报一并报送给监理机构，直至项目竣工验收。
- 影像资料应包括建设前原始地形、地貌状况、重大活动、项目征地拆迁、开工竣工典礼、重大会议、重要领导人视察工地、技术交底、重大事故处理及隐蔽工程、关键工序重点部位施工情况、各级验收、安全施工情况、工作例会、工程变更等内容。

3 拍摄要求

- 施工过程影像资料必须实时拍摄，根据需要采用全景、局部、特写等多种视角进行拍摄。

- 影像资料必须图像清晰、数码照片不得低于500万像素，并以JPG格式进行保存。视频不得低于300万有效像素，并以AVI格式进行保存。文件须按照“项目名称+拍摄部位+拍摄内容+拍摄时间”格式命名。
- 拍摄工程施工质量情况时，选择的拍摄部位要具有代表性。如拍摄构件偏差，钢筋搭接和锚固长度等尺寸项目时，应立钢尺进行明确标识和记录，以供追溯；拍摄重要部位、重要工序、重要事项时，应从多个角度拍摄记录，以便全面反映施工过程的管控情况。

4　归档要求

- 施工单位应购买《标准工程照片档案盒》（图1），按要求插入洗印照片，并在照片旁准确填写相关信息。
- 影像资料应以单位工程为单位，按分部、分项工程以及专题内容、拍摄时间进行排序，并按要求样式进行归集。注意将文字说明标注齐全。归档时还应设置目录，影像编号须与目录对应。
- 影像资料应同时以JPG格式保存，每一家单位工程归档为一个文件夹，每月影像资料归档为一个子文件夹，文件夹以单位工程命名，文件以影像编号加名称命名。
- 工程验收前，施工单位应将影像资料制作成光盘，报送建设单位。
- 本管理办法未尽事宜，按《照片档案管理规范》（GB/T 11821—2002）的规定执行。

图1　标准工程照片档案盒

5 附则

5.1 影像资料归档明细表

照片	说明
5 寸照片（12.7 cm×8.9 cm）	编号： 名称： 拍摄时间： 拍摄部位： 拍摄内容：
5 寸照片（12.7 cm×8.9 cm）	编号： 名称： 拍摄时间： 拍摄部位： 拍摄内容：
5 寸照片（12.7 cm×8.9 cm）	编号： 名称： 拍摄时间： 拍摄部位： 拍摄内容：

5.2　影像资料归档目录

序号	照片编号	照片名称	拍摄时间	页数	备注

审核人：　　　　　　　　　　　　　　　　整理人：

后　记

本书立足于工程实践，力求客观完善的展示乌梁素海流域山水林田湖草生态保护修复试点工程项目管理办法的科学性和适用性，是试点工程制度建设成果的集中体现，希冀于对后续的生态修复工程起到参考作用。

本书与已出版的《人与自然的和解——以乌梁素海为例的山水林田湖草沙生态保护修复试点工程技术指南》《乌梁素海流域山水林田湖草生态保护修复试点工程法律法规文件汇编》《山水林田湖草生态保护修复工程绩效评估及案例分析》《农村人居环境整治》和计划出版的《乌梁素海流域山水林田湖草生态保护修复试点工程组织与管理》等书籍同属“生态修复工程”系列书籍。

本系列丛书从生态修复工程的政策依据、法律法规、制度建设、技术标准、组织与管理、绩效评估等多方面进行研究和梳理，构建生态修复工程的理论体系，力争为生态修复工程作出贡献！